Addition und Subtraktion

1 Berechne die fehlenden Zahlen.

a)

5300	
4500	
	2100
3400	
	1700

b)

9400	
8650	
	5250
7550	
	2450

c)

4870	
3870	
	1500
450	
	2730

d)

10000	

2 Schreibe stellengerecht untereinander und rechne.

6 249 + 2 452   7 395 + 585   5 273 + 4 627   3 528 + 545

	T	H	Z	E
	6	2	4	9
+	2	4	5	2

	T	H	Z	E
+				

	T	H	Z	E
+				

	T	H	Z	E
+				

3 Setze die Reihen fort.

a) 6 300, 6 200, ____, ____, ____, ____, ____

b) 4 150, 4 100, ____, ____, ____, ____, ____

c) 9 020, 9 010, ____, ____, ____, ____, ____

d) 3 010, 3 005, ____, ____, ____, ____, ____

4 Schreibe stellengerecht untereinander und rechne.

5 831 – 2 314   7 853 – 4 492   3 462 – 1 648   8 267 – 736

	T	H	Z	E
	5	8	3	1
–	2	3	1	4

	T	H	Z	E
–				

	T	H	Z	E
–				

	T	H	Z	E
–				

Kontrolliere alle Ergebnisse mit dem Taschenrechner.

▶ Seiten 6/7

Multiplikation und Division

1 Multipliziere halbschriftlich und schriftlich.

a)

5 · 362 =
5 · 300 =
5 · 60 =
5 · =

4 · 599 =
· =
· =
· =

b)

T	H	Z	E		
	5	2	3	·	3
		T	H	Z	E

T	H	Z	E		
	6	1	4	·	2
		T	H	Z	E

H	Z	E			
	4	3	·	3	0
		T	H	Z	E

2 Multipliziere zweistellige Zahlen schriftlich.

H	Z	E		Z	E
	4	8	·	1	2
			H	Z	E

H	Z	E		Z	E
	3	4	·	2	3
			H	Z	E

T	H	Z	E		Z	E
	3	2	1	·	3	4
		ZT	T	H	Z	E

3 Dividiere halbschriftlich und schriftlich.

a)

258 : 6 =
240 : 6 =
18 : 6 =

172 : 4 =
: =
: =

384 : 8 =
: =
: =

b)

T	H	Z	E				T	H	Z	E
5	7	4	5	:	5	=				

T	H	Z	E				T	H	Z	E
8	6	5	2	:	7	=				

Kontrolliere alle Ergebnisse mit dem Taschenrechner.

► Seiten 8/9

Die Zahlen in der Stellenwerttafel

1 Zerlege diese Zahlen.

a) 974 756 = 900 000 + 70 000 + 4 000 + 700 + 50 + 6

b) 465 978 = ______ + ______ + ______ + ______ + ______ + ______

c) 698 768 = ______ + ______ + ______ + ______ + ______ + ______

d) 765 457 = ______ + ______ + ______ + ______ + ______ + ______

2 Wie heißen diese Zahlen?

a) 6 HT + 9 ZT + 2 T + 3 H + 8 Z + 0 E = ☐☐☐☐☐☐

b) 8 HT + 0 ZT + 9 T + 6 H + 5 Z + 8 E = ☐☐☐☐☐☐

c) 4 HT + 7 ZT + 3 T + 9 H + 7 Z + 4 E = ☐☐☐☐☐☐

d) 7 HT + 2 ZT + 9 T + 5 H + 6 Z + 0 E = ☐☐☐☐☐☐

3 Unterstreiche farbig. Notiere die Zahl.

a) siebentausenddreihundertvierundachtzig

HT	ZT	T	H	Z	E

b) fünfundsiebzigtausendneunhundertsechsunddreißig

HT	ZT	T	H	Z	E

c) vierhunderteinundzwanzigtausendsiebenhundert-achtundneunzig

HT	ZT	T	H	Z	E

d) neunhundertsiebenundachtzigtausendfünfhundert-siebenundsechzig

HT	ZT	T	H	Z	E

4 Ordne in der Stellenwerttafel. Schreibe dann die Zahl.

a) 3 ZT + 5 HT + 9 T + 8 H + 1 Z + 5 E =

HT	ZT	T	H	Z	E

539 815

b) 6 ZT + 9 HT + 7 H + 5 Z + 8 T + 3 E =

HT	ZT	T	H	Z	E

______

c) 6 T + 5 H + 5 ZT + 6 Z + 2 E + 9 HT =

HT	ZT	T	H	Z	E

______

d) 4 ZT + 1 T + 7 HT + 1 H + 3 Z + 5 E =

HT	ZT	T	H	Z	E

______

▸ Seiten 16/17

Der Zahlenstrahl

1 Notiere die Zahl.

a) 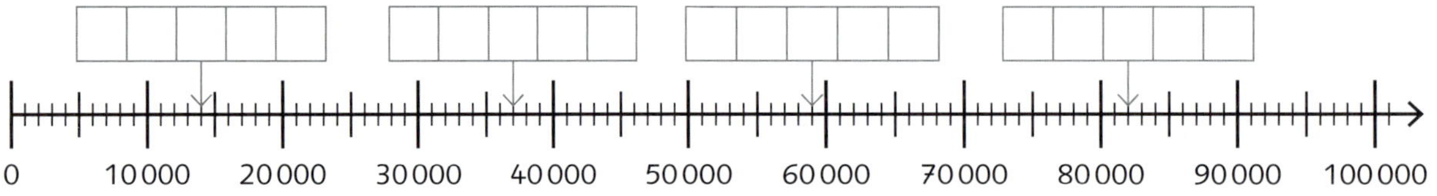

b) 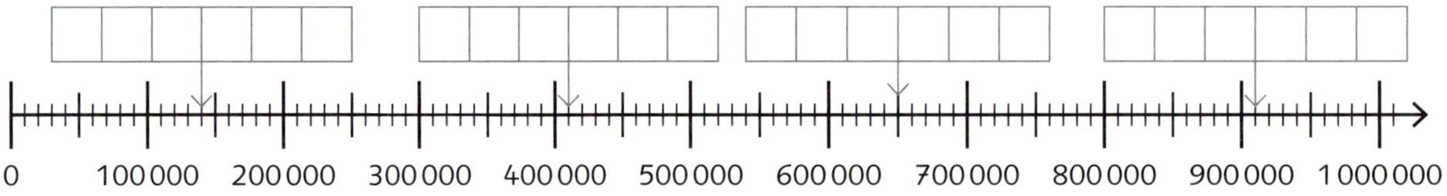

2 Vergleiche. >, < oder =?

a) 700 000 ◯ 70 000
700 000 ◯ 80 000
325 000 ◯ 32 500
745 100 ◯ 746 100

b) 276 600 ◯ 276 500
688 312 ◯ 788 312
359 468 ◯ 359 468
842 629 ◯ 842 628

3 Zähle rückwärts. Setze die Reihen fort.

a) 110 000, 109 000, ______, ______, ______, ______
b) 784 000, 783 000, ______, ______, ______, ______
c) 365 800, 365 700, ______, ______, ______, ______
d) 673 300, 673 200, ______, ______, ______, ______
e) 990 000, 989 000, ______, ______, ______, ______
f) 490 500, 490 000, ______, ______, ______, ______

4 Welcher Hunderttausender liegt am nächsten?

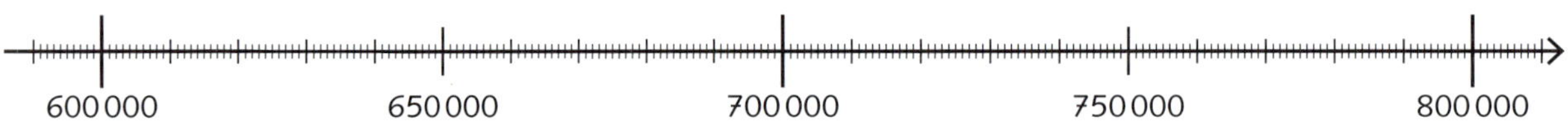

a) 610 000 ≈ *600 000*
743 000 ≈ ______
772 400 ≈ ______
648 600 ≈ ______

b) 638 400 ≈ ______
711 800 ≈ ______
743 600 ≈ ______
659 700 ≈ ______

▸ Seiten 21/22

Der Taschenrechner

1 Berechne. Nutze den Taschenrechner.

a) 645 797 + 352 481 = ______

865 991 – 154 587 = ______

36 723 · 17 = ______

462 840 : 152 = ______

b) 57,65 € + 65,38 € = ______

865,35 € – 587,68 € = ______

716,12 € · 21 = ______

234,24 € : 16 = ______

2 Welche dieser Aufgaben sind falsch gelöst?
Überprüfe mit dem Taschenrechner.

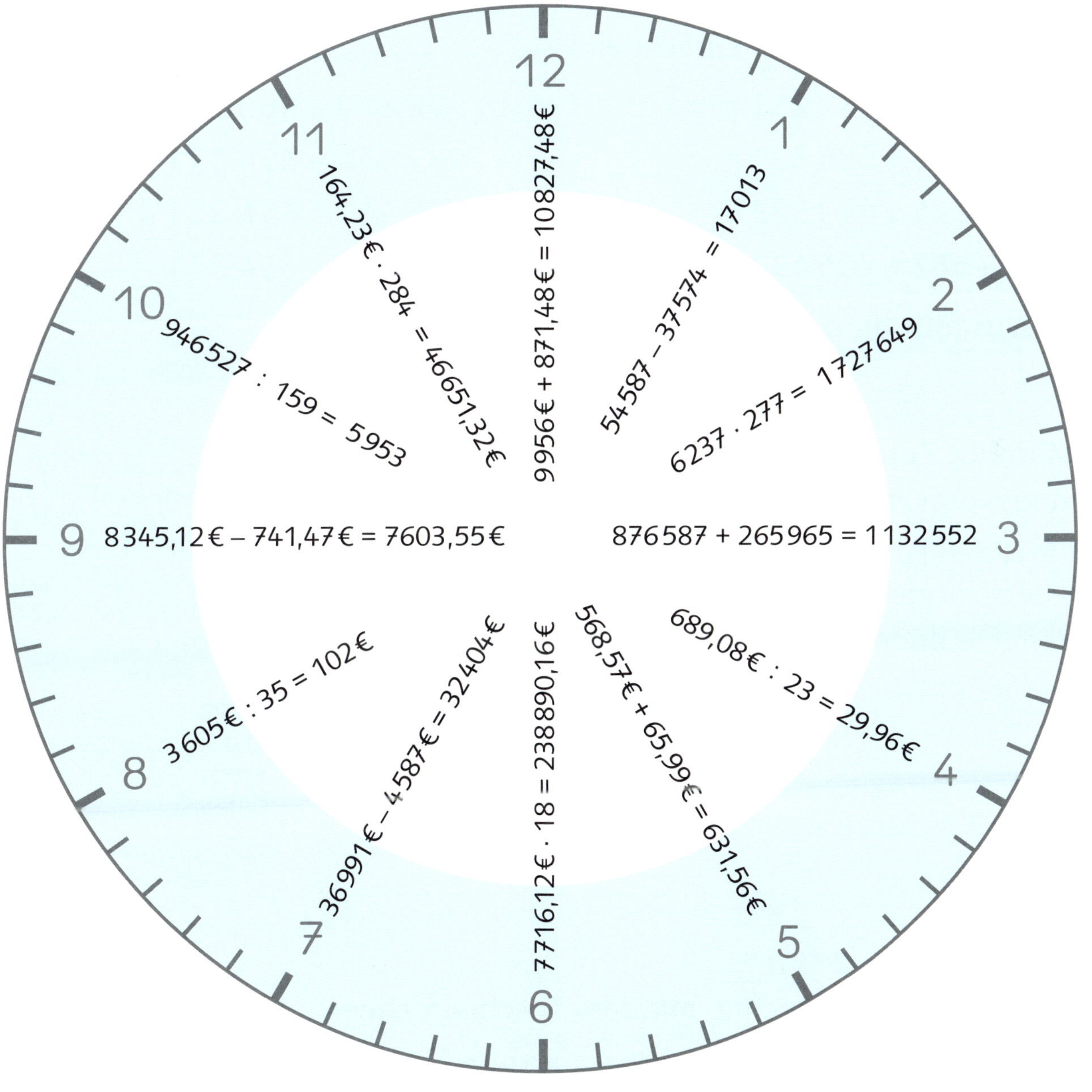

Die falschen Lösungen stehen bei 3 Uhr, 5 Uhr, 6 Uhr, 8 Uhr, 9 Uhr und 11 Uhr.

Seite 23

Aufgaben für den Taschenrechner

1 Rechne mit dem Taschenrechner.
Drehe ihn dann um. Welches Wort kannst du lesen?

a) 745 797 – 654 244 = ______
915 398 – 363 559 = ______
137 984 + 241 025 = ______
749 417 – 711 100 = ______
567 432 + 168 103 = ______

b) 534 791 – 519 276 = ______
691 435 + 225 699 = ______
352 486 – 345 133 = ______
875 393 – 836 254 = ______
345 123 + 162 714 = ______

2 Rechne mit dem Taschenrechner.

a) 112 233 + 332 211 = ______
123 456 + 654 321 = ______
223 344 + 443 322 = ______
234 567 + 765 432 = ______

b) 998 877 – 665 544 = ______
987 654 – 654 321 = ______
765 432 – 654 321 = ______
876 543 – 654 321 = ______

c) Was fällt dir auf? ______

3 Mira hat Zutaten zum Backen von Waffeln eingekauft. Leider ist ihr Kassenbon zerrissen. Rechne nach, wie viel Mira bezahlt hat. Überschlage zuerst. Benutze dann den Taschenrechner.

______
______
______
______

TANTE EMMAS
KAUFLADEN
INH. TANTE EMMA
TEL. 12345

VOLLKORNMEHL ...... 2,69 €
BUTTER ...... 1,85 €
TROCKENHEFE ...... 1,59 €
HONIG ...... 3,69 €
EIER ...... 2,59 €
MILCH ...... 0,98 €
SAHNE ...... 0,65 €

GESAMT

4 Kettenaufgaben. Rechne mit dem Taschenrechner.

a) 47 938 + 4 570 – 9 759 + 477 – 30 881 = ______

b) 8 000 · 90 + 54 983 – 742 581 + 25 836 – 45 893 = ______

▸ Seite 23

Winkel messen

1 Lies von der Gradscheibe ab und trage ein.

a)

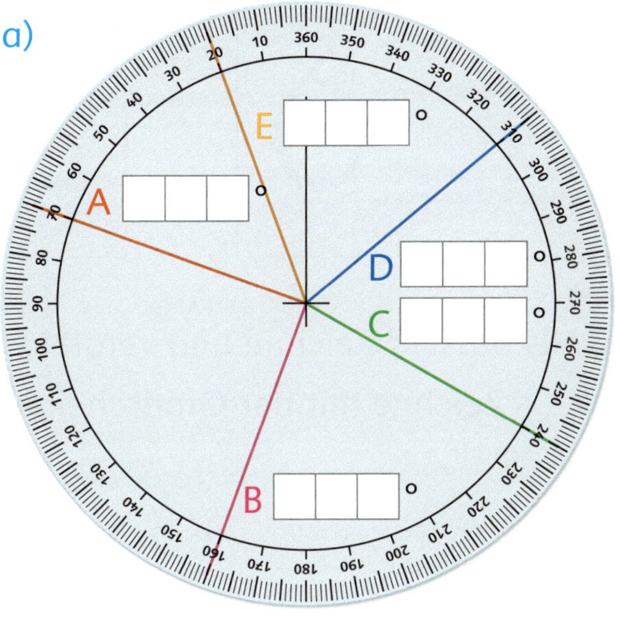

b)

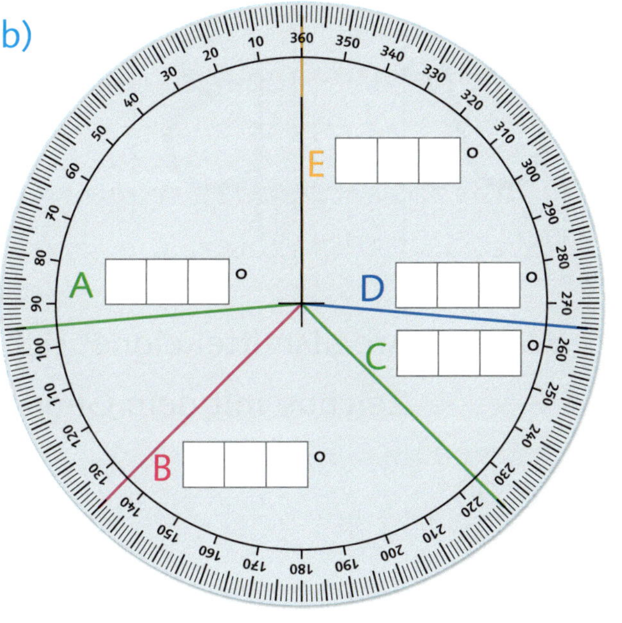

2 Miss die Winkel und schreibe die Winkelart dazu.

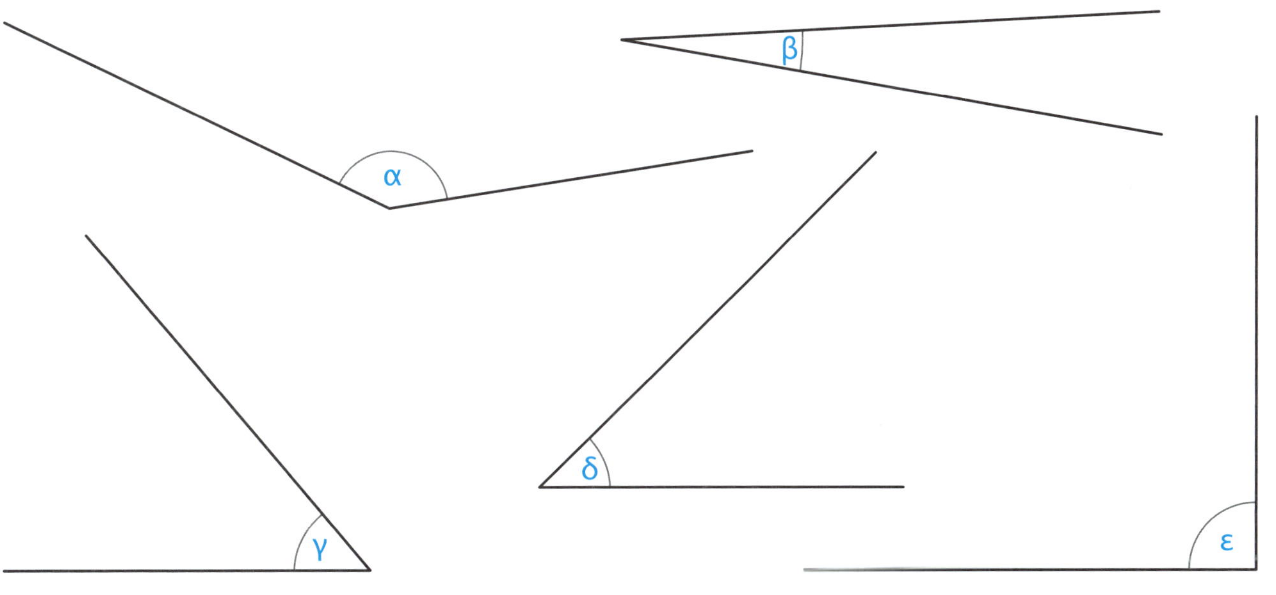

Winkel	Winkelgröße	Winkelart
α		
β		
γ		
δ		
ε		

▸ Seiten 24/25

Winkel zeichnen

1 Spure die griechischen Buchstaben nach.

α β γ δ ε

2 Welches Arbeitsmittel eignet sich jeweils besser? Zeichne und vergleiche.

	Zeichne mit dem Geodreieck.	Zeichne mit der Gradscheibe.
a) 90°		
b) 160°		
c) 230°		
d) 310°		

▸ Seite 26

Verschiedene Dreiecke und ihr Umfang

1 Verschiedene Dreiecke

a) Setze ein: zwei Seiten gleich lang | alle Seiten gleich lang | alle Seiten verschieden lang

A

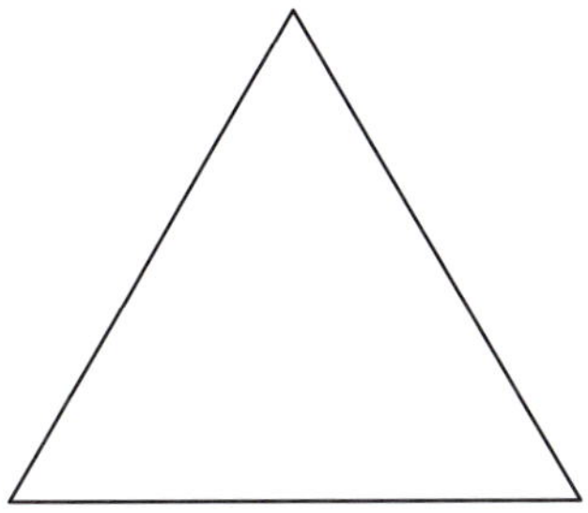

Beim gleichseitigen Dreieck sind

______________________________.

B

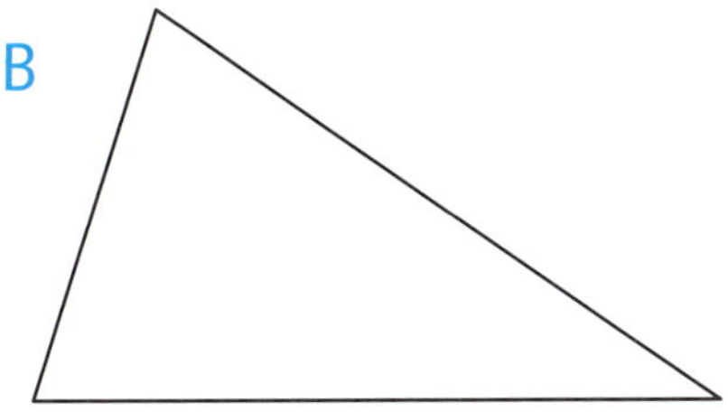

Beim gleichschenkligen Dreieck sind

______________________________.

C

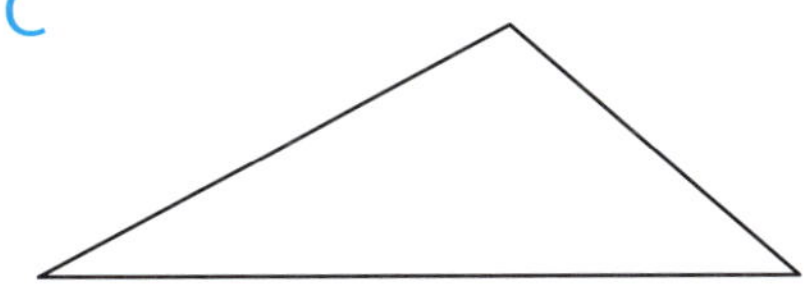

Beim ungleichschenkligen Dreieck sind

______________________________.

b) Markiere die Besonderheiten jedes Dreiecks farbig.

2 Berechne die Umfänge der Dreiecke aus Aufgabe 1.

A $u_\triangle$ = a + b + c

$u_\triangle$ = cm + cm + cm

$u_\triangle$ = cm

B $u_\triangle$ =

$u_\triangle$ =

$u_\triangle$ =

C $u_\triangle$ =

$u_\triangle$ =

$u_\triangle$ =

▸ Seite 32

Winkel im Dreieck

1 Winkel im Dreieck werden mit griechischen Buchstaben bezeichnet.
Schreibe α, β und γ.

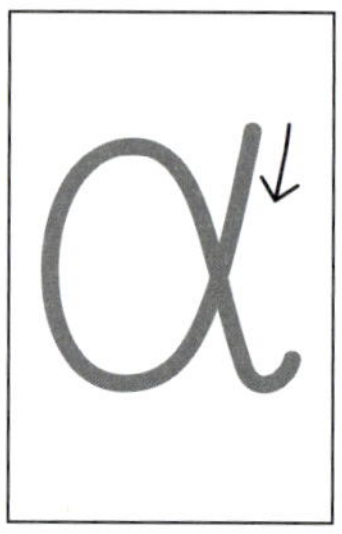

α α

α α

α α

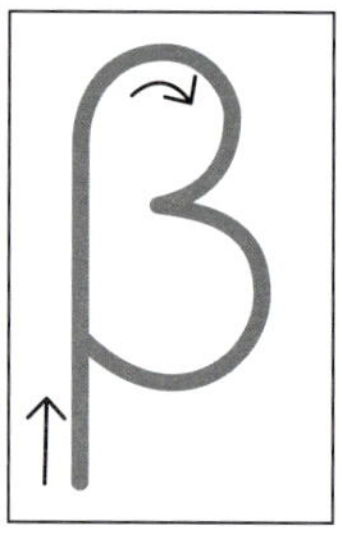

β β

β β

β β

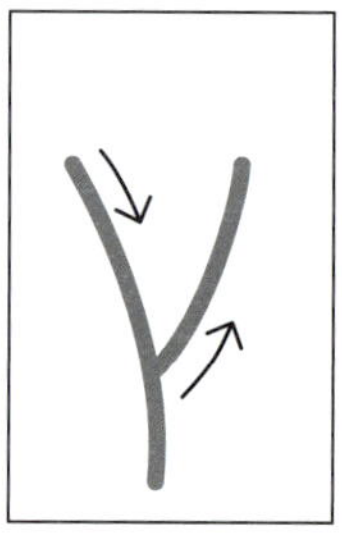

γ γ

γ γ

γ γ

2 Bezeichne und miss die Winkel.

a)

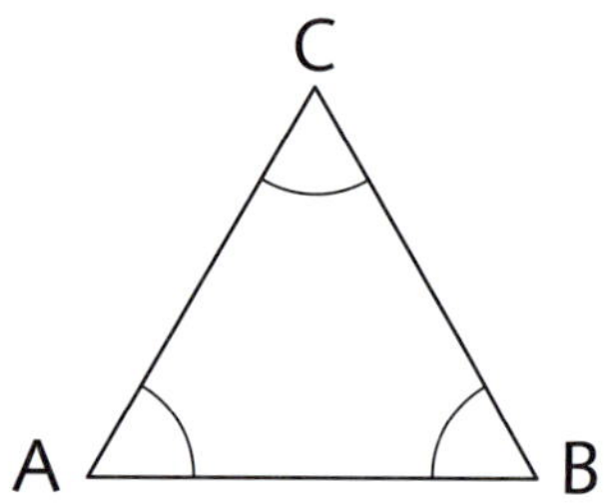

α = ___°, β = ___°, γ = ___°

b)

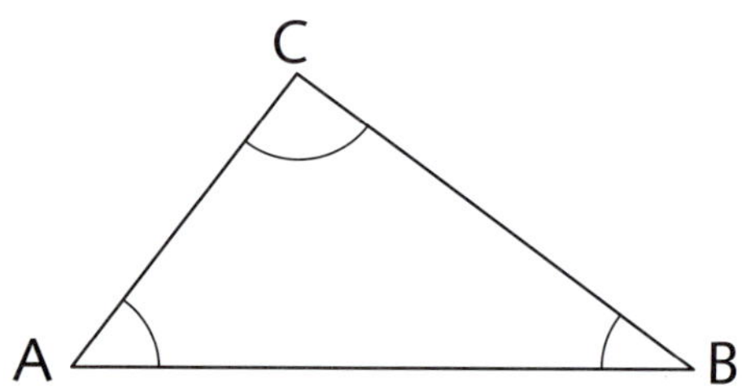

α = ___°, β = ___°, γ = ___°

c)

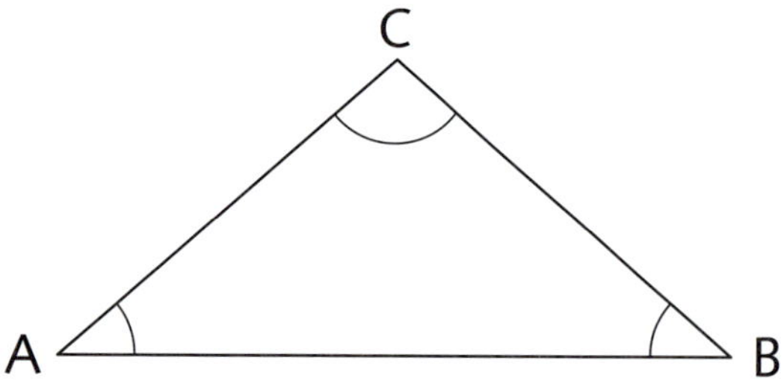

α = ___°, β = ___°, γ = ___°

d)

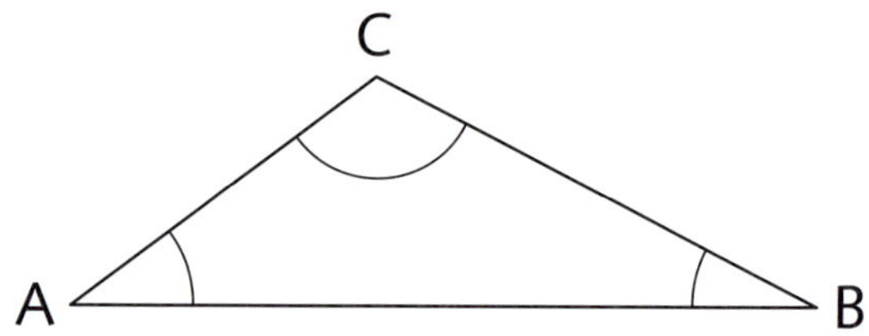

α = ___°, β = ___°, γ = ___°

▶ Seite 33

Dreiecke konstruieren und bestimmen

Konstruiere und bestimme die Dreiecke. Berechne die Umfänge.

1 $a = 5\,cm$, $b = 5\,cm$, $c = 5\,cm$

$u_\triangle$ = a + b + c

$u_\triangle$ = cm + cm + cm

$u_\triangle$ = cm

________________ Dreieck

2 $a = 6\,cm$, $b = 6\,cm$, $c = 8\,cm$

$u_\triangle$ =

$u_\triangle$ =

$u_\triangle$ =

________________ Dreieck

3 $a = 12{,}1\,cm$, $b = 5\,cm$, $c = 11\,cm$

$u_\triangle$ =

$u_\triangle$ =

$u_\triangle$ =

________________ Dreieck

▸ Seiten 31–33

Halbschriftliche und schriftliche Addition

1 Rechne halbschriftlich. Suche dir aus, wie du rechnest.

a) 150 + 680 = 　　　　3700 + 3800 =

b) 490 + 280 = 　　　　2500 + 6700 =

c) 140 + 790 = 　　　　4800 + 3800 =

2 Berechne die Summe. Achte vorne auf die freie Stelle.

a)

	ZT	T	H	Z	E
		5	3	4	0
+		8	1	4	9

b)

	ZT	T	H	Z	E
		2	4	7	1
+		9	2	1	8

c)

	ZT	T	H	Z	E
		4	8	2	3
+		8	0	5	3

11 689 | 12 876 | 13 489 | 14 576

3 Berechne die Summe. Achte auf die Überträge.

a)

	ZT	T	H	Z	E
		6	4	8	1
+		9	3	5	6

b)

	ZT	T	H	Z	E
		4	2	7	4
+		8	6	3	2

c)

	ZT	T	H	Z	E
		7	4	1	8
+		4	1	1	9

11 537 | 12 906 | 13 106 | 15 837

4 Berechne die Summe. Achte auf die Null.

a)

	ZT	T	H	Z	E
		8	9	1	0
+		1	6	7	0

b)

	ZT	T	H	Z	E
		6	7	2	4
+		5	1	3	6

c)

	ZT	T	H	Z	E
		9	4	1	0
+			8	5	0

10 260 | 10 580 | 11 280 | 11 860

▸ Seiten 38/39

Schriftliche Addition mit mehreren Überträgen

1 Rechnen mit Zehntausendern

	HT	ZT	T	H	Z	E
		4	7	2	4	3
+		3	1	9	0	7

	HT	ZT	T	H	Z	E
		1	7	3	1	0
+		1	7	8	4	0

	HT	ZT	T	H	Z	E
		1	5	4	7	0
+		5	7	4	8	0

	HT	ZT	T	H	Z	E
		5	6	7	3	1
+		3	9	2	1	9

	HT	ZT	T	H	Z	E
		1	4	7	0	5
+		2	3	2	4	5

	HT	ZT	T	H	Z	E
		4	7	5	1	8
+		2	8	6	3	2

32 950 | 35 150 | 37 950 | 72 950 | 76 150 | 79 150 | 95 950

2 Achte auf die Überträge.

	HT	ZT	T	H	Z	E
		6	5	2	8	0
+		9	2	3	5	8

	HT	ZT	T	H	Z	E
		7	2	4	0	3
+		4	3	5	4	7

	HT	ZT	T	H	Z	E
		5	4	2	1	9
+		5	3	4	1	9

107 638 | 115 950 | 157 638 | 185 950

3 Achte auf die Null.

	HT	ZT	T	H	Z	E
		9	2	4	2	5
+			4	9	3	5

	HT	ZT	T	H	Z	E
		9	4	6	2	0
+			8	5	7	5

	HT	ZT	T	H	Z	E
			9	2	9	0
+		9	8	0	7	0

93 195 | 97 360 | 103 195 | 107 360

4 Klecksaufgaben

	HT	ZT	T	H	Z	E
			4	2	8	5
+		3	1		6	
			1	1		
		9		2		7

	HT	ZT	T	H	Z	E
		7		2	9	5
+			7	4		
	1	1				
	1	6	1		9	9

	HT	ZT	T	H	Z	E
			8	5	2	
+		9	5		4	1
	1	1			1	
	1	1		7		0

▸ Seiten 40/41

Attraktionen im Freizeitpark

1 a) Übertrage die Informationen aus dem Diagramm in die Tabelle.

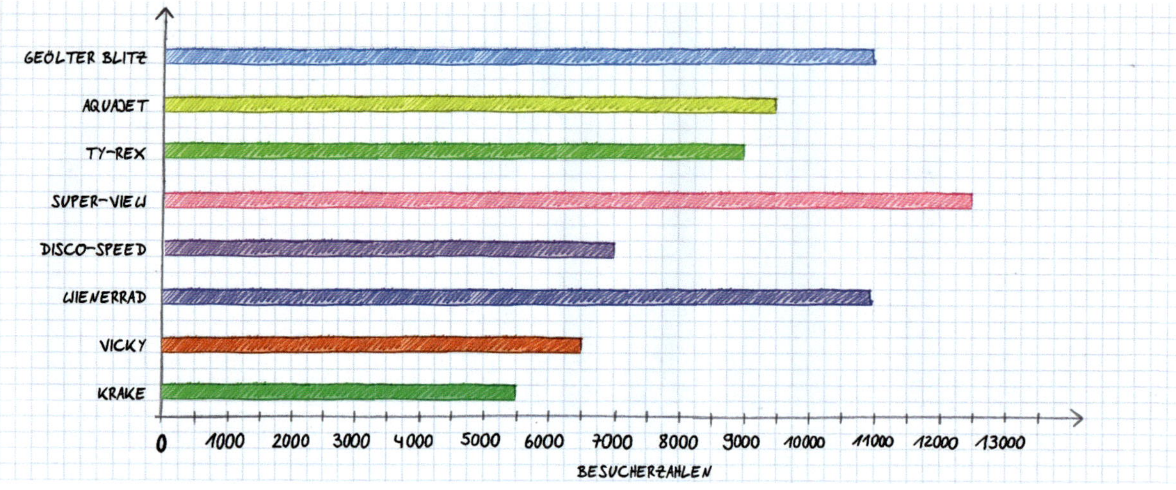

Attraktionen		Anzahl der Besucher
Achterbahn	*Geölter Blitz*	
Wasserbahn	*Aquajet*	
Dino-Karussell	*Ty-Rex*	
Aussichtsturm	*Super-View*	
Berg-und-Tal-Bahn	*Disco-Speed*	
Riesenrad	*Wienerrad*	
Schiffschaukel	*Vicky*	
Karussell	*Krake*	
Insgesamt:		

b) Berechne die Gesamtanzahl der Besucher im Freizeitpark.

2 a) Welche Attraktion wird am häufigsten besucht?

b) Welche Attraktion wird am seltensten besucht?

3 a) Wie viele Menschen besuchen den *Super-View* und das *Wienerrad*?

b) Vergleiche die Zahl mit der Anzahl der Besucher des *Aquajet*.

▸ Seiten 42/43

Sachaufgaben zur Addition und Subtraktion

1 Familie Lange will sich ein neues Auto kaufen. Sie bekommt ein Angebot für einen Van, der 17 400 € kosten soll. Die Anzahlung beträgt 4 800 €.

Frage: ______________________________

Ü:

R: P:

Antwort: ______________________________

2 Frau Guder ist in diesem Jahr während des Urlaubs 3 400 km mit ihrem Auto gefahren. Im letzten Urlaub ist sie 1 900 km gefahren.

Frage: ______________________________

Ü:

R: P:

Antwort: ______________________________

3 Herr Soya hat die Firma gewechselt. Bisher hat er im Jahr 27 415 € verdient. Nun verdient er als Facharbeiter 33 600 € pro Jahr.

Frage: ______________________________

Ü:

R: P:

Antwort: ______________________________

▸ Seiten 41–43

Wie groß sind Brüche?/Stammbrüche

1 Was ist mehr? Setze >, < oder = ein.

a) 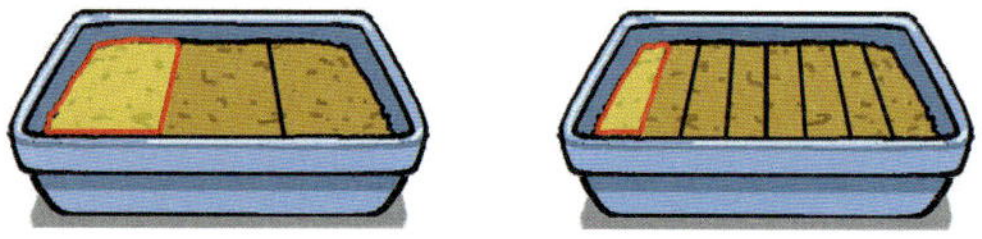

[—] ○ [—]

b) 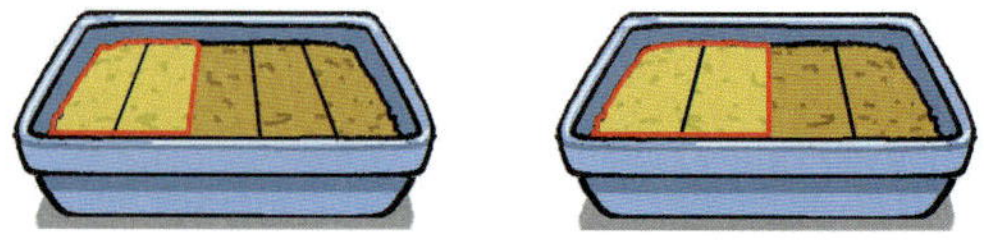

[—] ○ [—]

c) 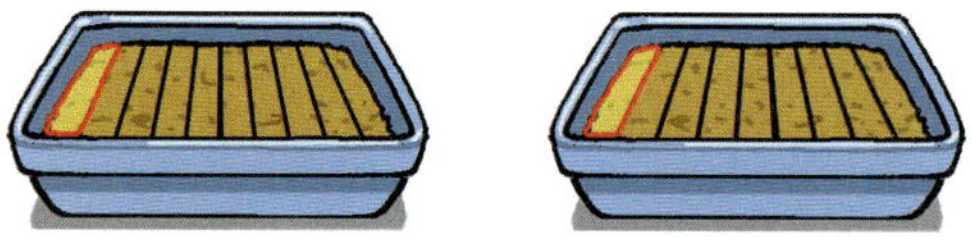

[—] ○ [—]

d) 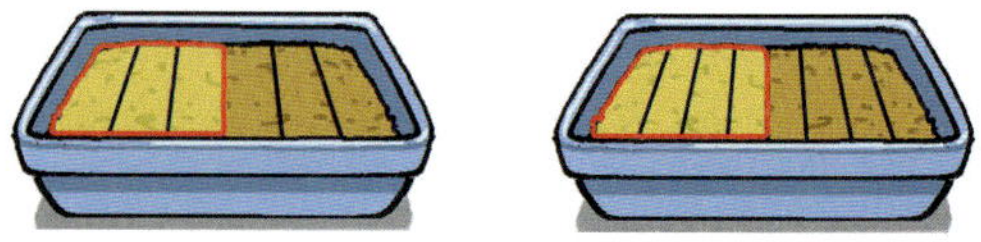

[—] ○ [—]

2 a) Vergleiche die Brüche $\frac{1}{4}$, $\frac{2}{4}$, $\frac{3}{4}$, $\frac{4}{4}$. Kreuze an.

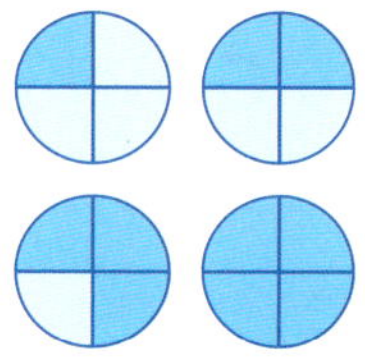

Je größer der Zähler, desto ○ größer / ○ kleiner ist der Bruch.

b) Vergleiche die Brüche $\frac{1}{2}$, $\frac{1}{3}$, $\frac{1}{4}$, $\frac{1}{5}$. Kreuze an.

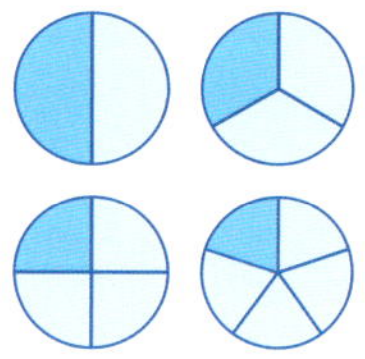

Je größer der Nenner, desto ○ größer / ○ kleiner ist der Bruch.

3 Ergänze.

Der ________________ ist die Zahl im Bruch, die über dem Bruchstrich steht.

Der ________________ ist die Zahl im Bruch, die unter dem Bruchstrich steht.

Der ________________ steht zwischen Zähler und Nenner.

4 Welche Brüche sind es?

a) Bruchstrich, der Zähler ist 4, der Nenner ist 5. $\frac{4}{5}$

Der Bruch heißt *vier Fünftel* .

b) Bruchstrich, der Zähler ist 3, der Nenner ist 2. [ ]

Der Bruch heißt ____________________ .

c) Bruchstrich, der Zähler ist 1, der Nenner ist 3. [ ]

Der Bruch heißt ____________________ .

▸ Seiten 46/47

Brüche als Anteile

Die Hälfte der Hunde im Tierheim sind Kampfhunde.

Ein Zehntel der Hunde im Tierheim wurde ausgesetzt.

Fünf Sechstel der Hunde im Tierheim beißen nicht.

Ein Drittel der Hunde im Tierheim ist schon länger als ein Jahr dort.

Zwei Fünftel der Hunde waren krank, als sie ins Tierheim kamen.

Zeichne jeweils ein und schreibe die Antwort dazu.

1 Wie viele Hunde wurden ausgesetzt?
Tipp: Teile in zehn gleich große Teile und markiere eins davon.

______ Hunde wurden ausgesetzt.

2 Wie viele Hunde sind schon länger als ein Jahr im Tierheim?

______ Hunde sind schon länger als ein Jahr im Tierheim.

3 Wie viele Hunde im Tierheim sind Kampfhunde?

●●●●●●●●●●●●●●●●●●●●●●●●●●●●●●

______ Hunde im Tierheim sind Kampfhunde.

4 Wie viele Hunde waren krank, als sie ins Tierheim kamen?
Tipp: Teile in fünf gleich große Teile und markiere zwei davon.

●●●●●●●●●●●●●●●●●●●●●●●●●●●●●●

______ Hunde waren krank, als sie ins Tierheim kamen.

5 Wie viele Hunde im Tierheim beißen nicht?

●●●●●●●●●●●●●●●●●●●●●●●●●●●●●●

______ Hunde im Tierheim beißen nicht.

▸ Seiten 48/49

Brüche addieren und subtrahieren 1

1 Wie viel ist es zusammen?

ein Achtel + zwei Achtel = ____

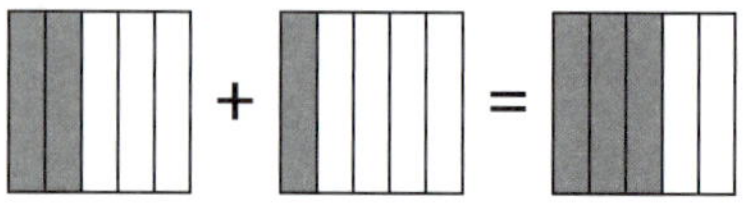

____ + ____ = ____

____ + ____ = ____

2 Wie viel ist es zusammen? Ergänze die Skizzen.

ein Achtel + ein Achtel = ____

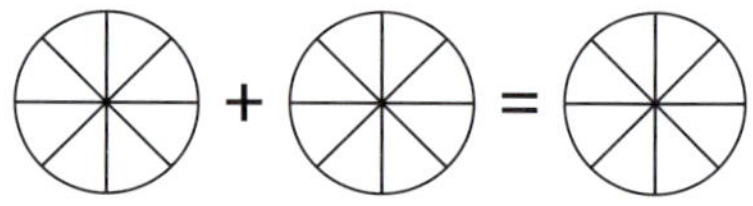

ein Viertel + drei Viertel = ____

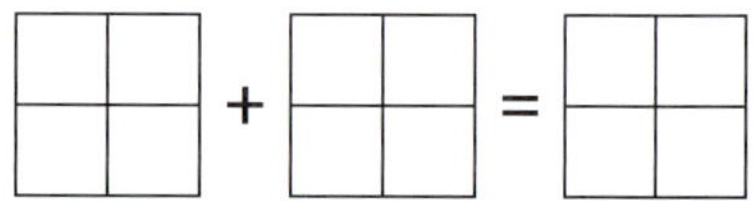

$\frac{3}{6} + \frac{2}{6} =$ ____

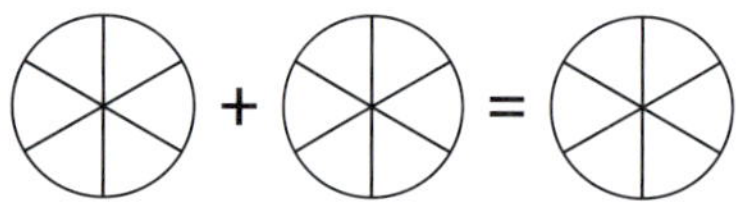

$\frac{4}{9} + \frac{3}{9} =$ ____

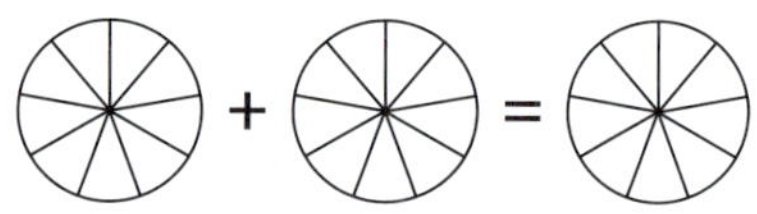

$\frac{1}{5} + \frac{3}{5} =$ ____

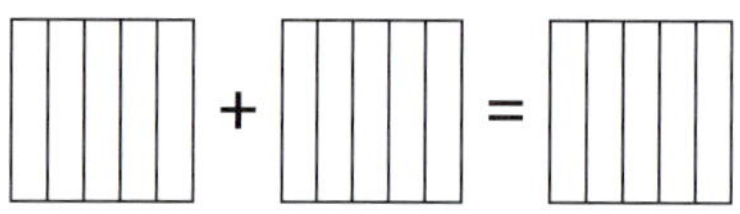

$\frac{4}{10} + \frac{5}{10} =$ ____

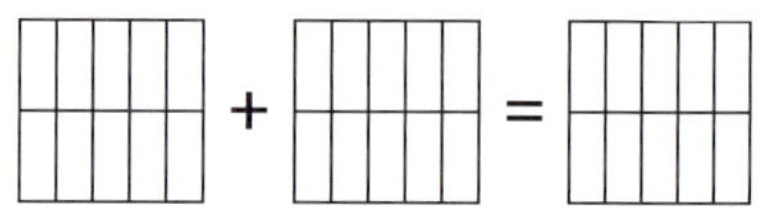

3 Wie viel bleibt übrig?

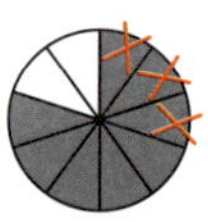

acht Zehntel – drei Zehntel
= ____

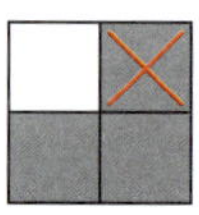

____ – ____
= ____

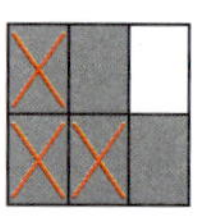

____ – ____
= ____

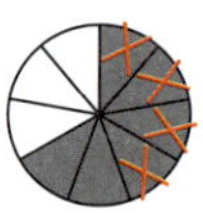

____ – ____
= ____

4 Wie viel bleibt übrig? Ergänze die Skizzen.

drei Viertel – ein Viertel
= ____

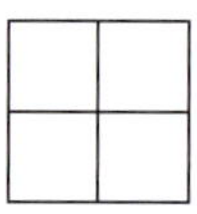

fünf Neuntel – zwei Neuntel
= ____

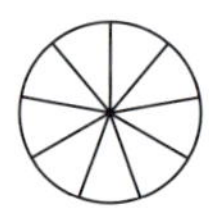

$\frac{7}{8} - \frac{5}{8} =$ ____

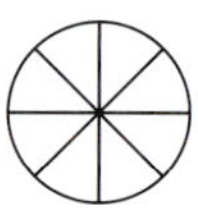

$\frac{3}{5} - \frac{1}{5} =$ ____

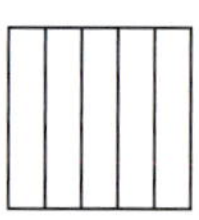

$\frac{4}{6} - \frac{3}{6} =$ ____

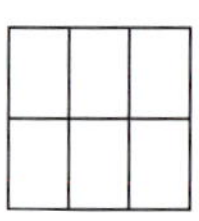

▸ Seiten 50/51

Brüche verfeinern und vergröbern

1 Hier siehst du drei Viertel einer Pizza.

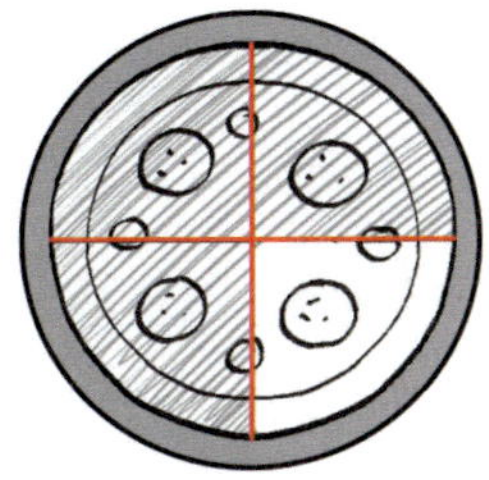

a) Verfeinere die Einteilung der Pizza in Achtel.

b) Wie viele Achtel sind dann markiert?

Es sind _____ Achtel markiert.

2 Teile den Kuchen in fünf gleich große Stücke.

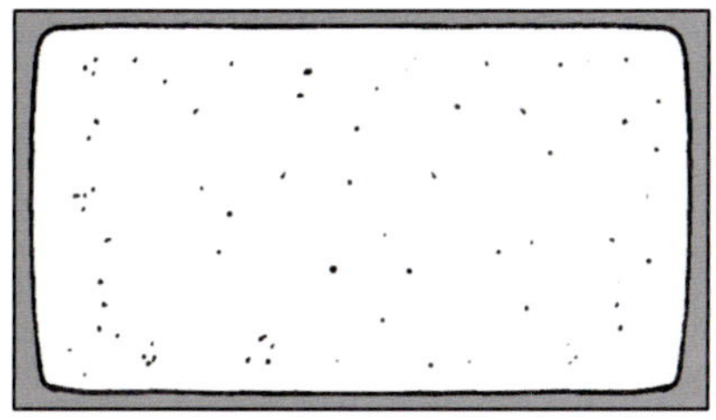

a) Markiere ein Fünftel.

b) Verfeinere die Einteilung des Kuchens in Zehntel.

c) Wie viele Zehntel sind dann markiert?

Es sind _____ Zehntel markiert.

3 Hier siehst du sechs Neuntel eines Auflaufs.

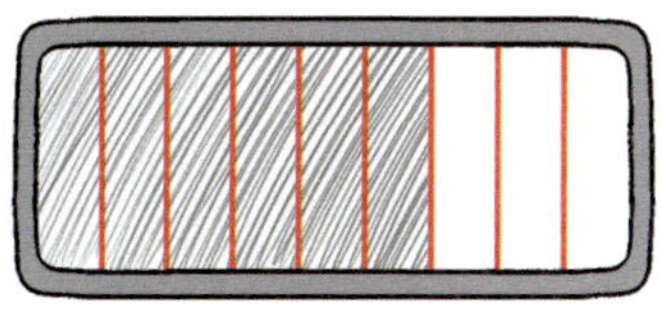

a) Vergröbere die Einteilung des Auflaufs in Drittel.

b) Wie viele Drittel sind dann markiert?

Es sind _____ Drittel markiert.

4 Hier siehst du neun Zwölftel einer Torte.

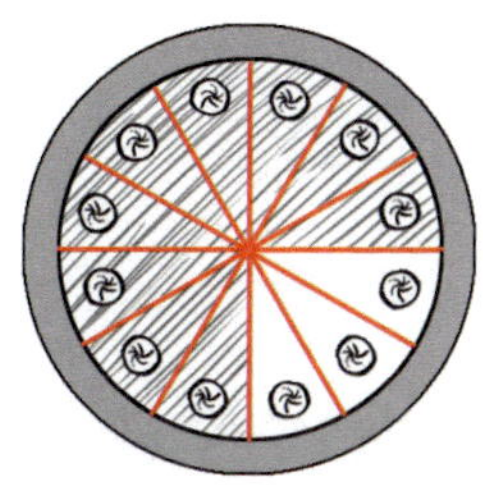

a) Vergröbere die Einteilung der Torte in Viertel.

b) Wie viele Viertel sind dann markiert?

Es sind _____ Viertel markiert.

5 Finde die gleichen Brüche. Umkreise in der gleichen Farbe.

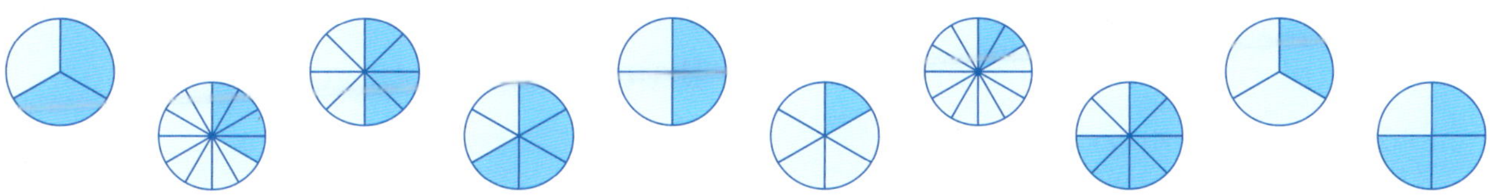

6 Finde die gleichen Brüche. Markiere in der gleichen Farbe.

ein Halb	vier Viertel	zwei Achtel	ein Viertel	drei Viertel	zwei Viertel	zwei Halbe	sechs Achtel	acht Achtel	vier Achtel

▸ Seiten 52/53

Brüche addieren und subtrahieren 2

1 Wie viel ist es zusammen? Verfeinere zuerst.

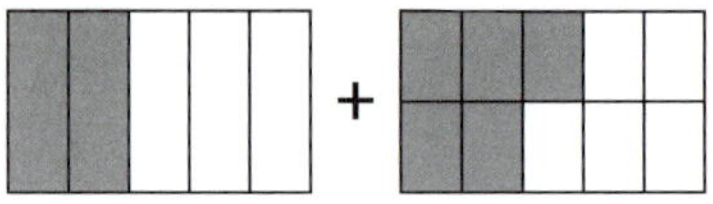

zwei Fünftel + fünf Zehntel = neun Zehntel

___ + ___ = ___

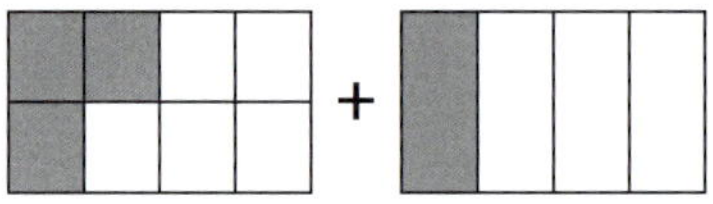

___ + ___ = ___

2 Wie viel ist es zusammen? Verfeinere die Brüche zuerst, bevor du rechnest. Ergänze die Skizzen.

$\frac{2}{4} + \frac{3}{8} =$ ___ 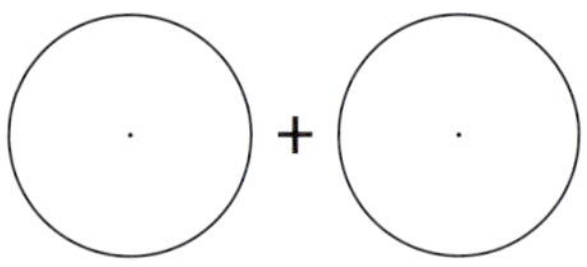

$\frac{2}{3} + \frac{1}{6} =$ ___ 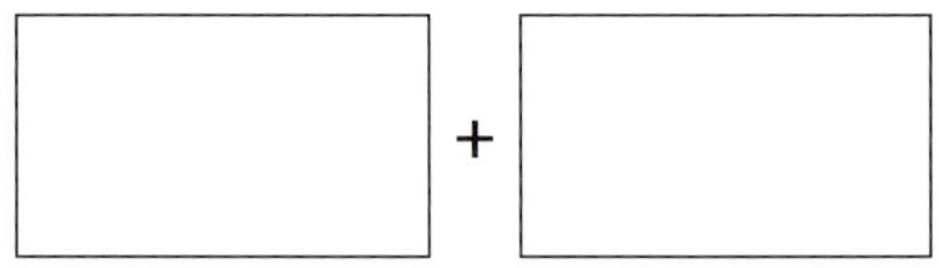

$\frac{4}{8} + \frac{1}{2} =$ ___ 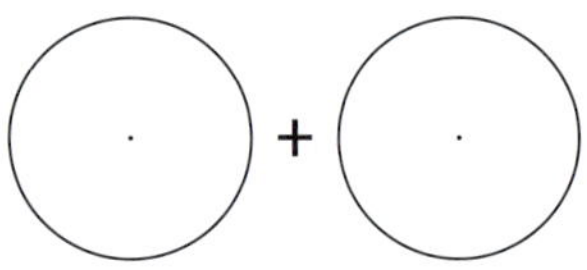

$\frac{3}{9} + \frac{1}{3} =$ ___ 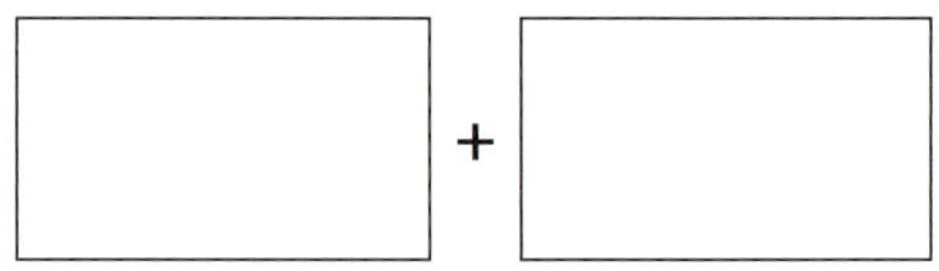

3 Wie viel bleibt übrig? Verfeinere zuerst.

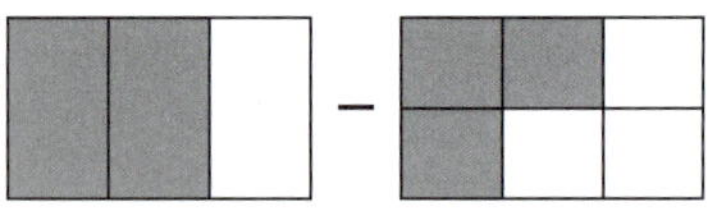

zwei Drittel − drei Sechstel = ___

___ − ___ = ___

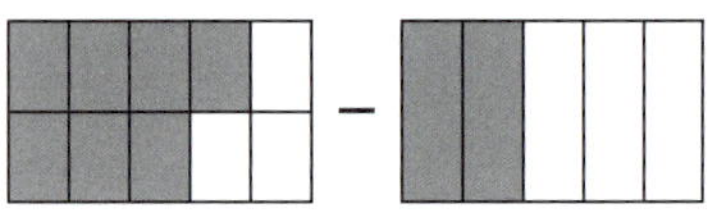

___ − ___ = ___

4 Wie viel bleibt übrig? Verfeinere die Brüche zuerst, bevor du rechnest. Ergänze die Skizzen.

$\frac{3}{4} - \frac{5}{8} =$ ___ 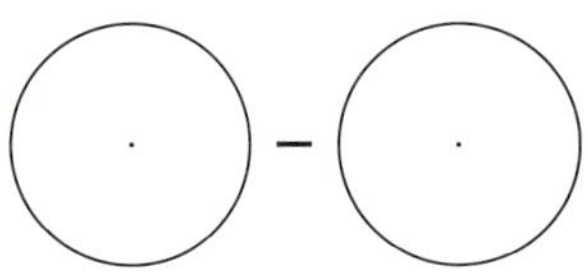

$\frac{1}{3} - \frac{1}{6} =$ ___ 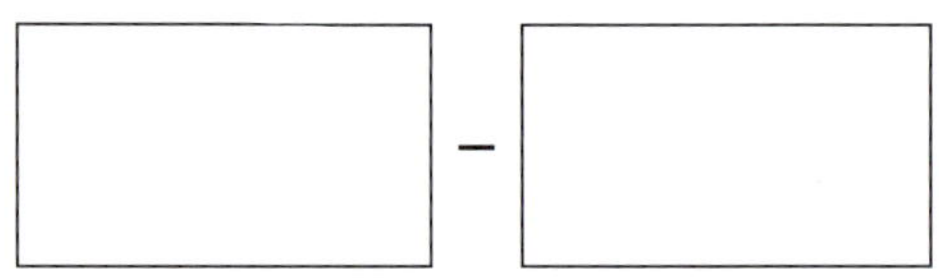

$\frac{6}{8} - \frac{1}{2} =$ ___ 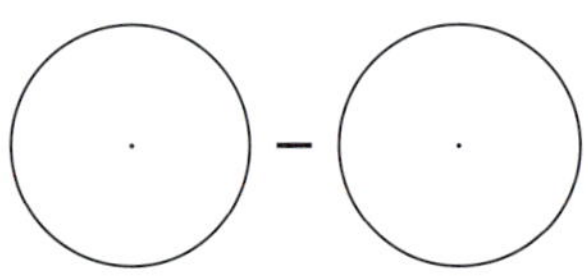

$\frac{7}{9} - \frac{2}{3} =$ ___ 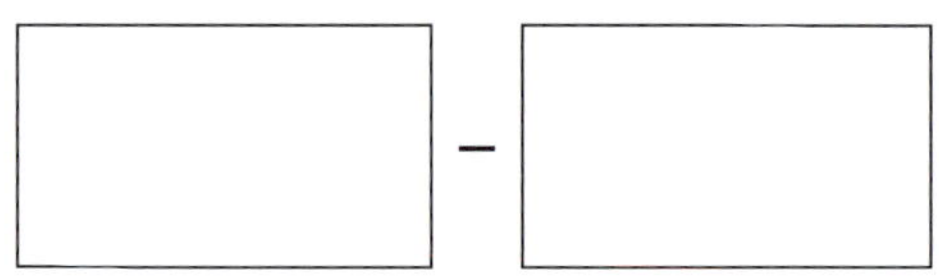

► Seiten 54/55

Mit Brüchen multiplizieren / Brüche am Zahlenstrahl

1 Finde die passenden Aufgaben.

a) 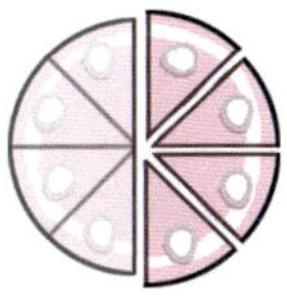

b) 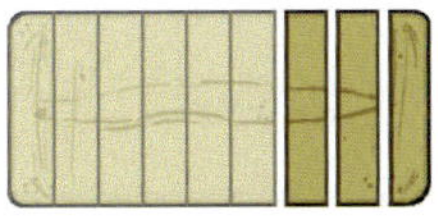

c) 

d) 

a) $\frac{1}{8} + \frac{1}{8} + \frac{1}{8} + \frac{1}{8} =$

$4 \cdot \frac{1}{8} =$

2 Was gehört zusammen? Markiere in der gleichen Farbe.

$3 \cdot \frac{1}{8}$

vier Achtel

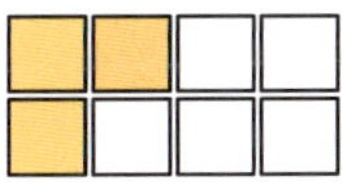

$\frac{3}{8}$

$\frac{4}{8}$

drei Achtel

$4 \cdot \frac{1}{8}$

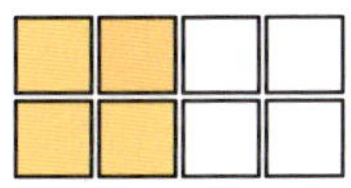

3 a) Ordne die Brüche richtig zu. Verbinde.

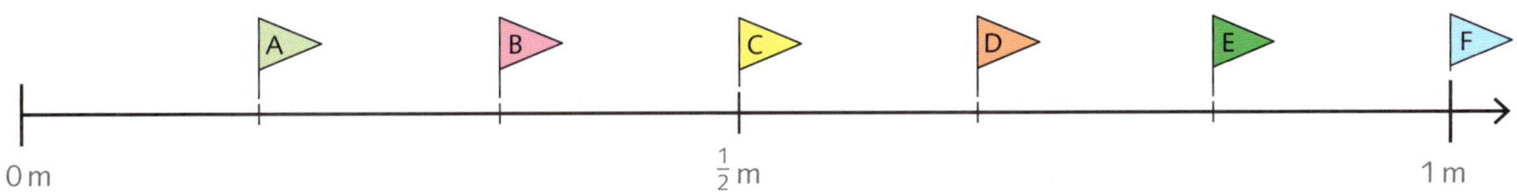

$\frac{2}{6}$ $\frac{4}{6}$ $\frac{5}{6}$ $\frac{1}{6}$ $\frac{6}{6}$ $\frac{3}{6}$

b) Ordne die Brüche richtig zu. Verbinde.

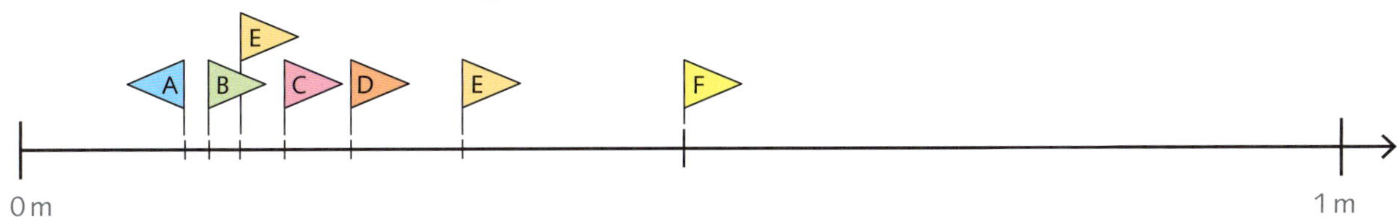

$\frac{1}{7}$ $\frac{1}{5}$ $\frac{1}{2}$ $\frac{1}{4}$ $\frac{1}{3}$ $\frac{1}{6}$ $\frac{1}{8}$

Kleine Zahlen

1 Beschrifte den Zahlenstrahl.

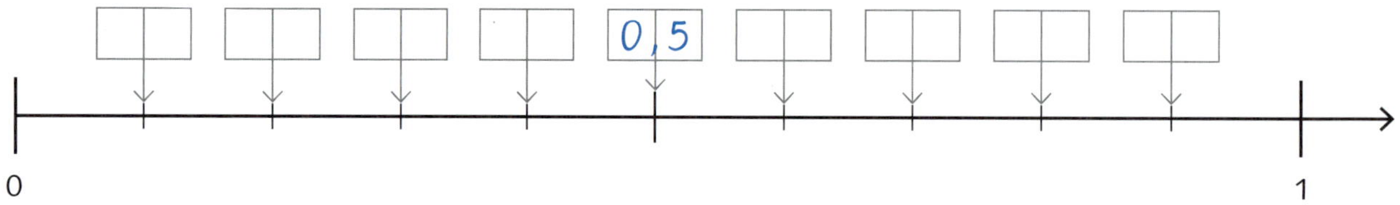

2 Welche Zahl ist größer? Suche am Zahlenstrahl. Setze >, < oder = ein.

a)	b)	c)	d)
0,5 ◯ 0,7	0,2 ◯ 0,1	0,6 ◯ 0,1	0 ◯ 1
0,9 ◯ 0,3	0,8 ◯ 0,4	0,1 ◯ 1	0,8 ◯ 0,8
0,7 ◯ 0,6	0,9 ◯ 1	0,4 ◯ 0,5	0,6 ◯ 0,9

3 Wie heißen die Zahlen? Trage ein.

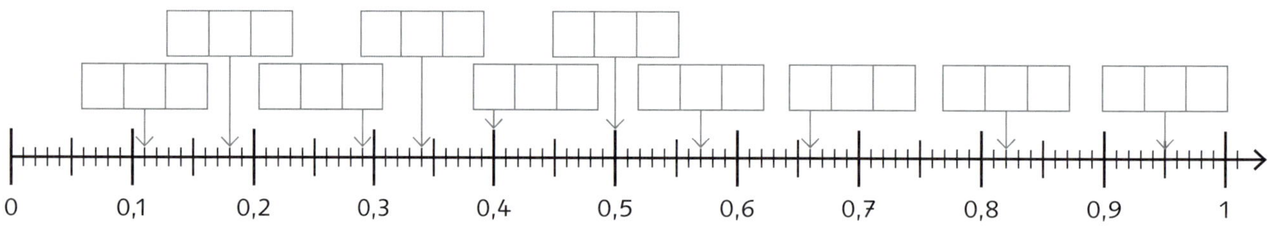

4 Welche Rechenaufgabe ist hier dargestellt?

a) 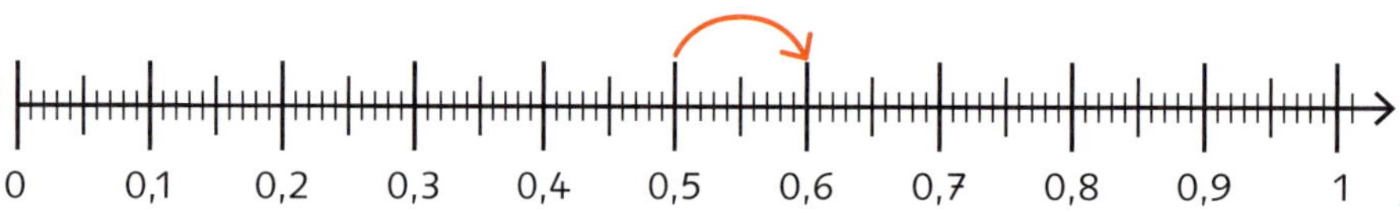

_____ + _____ = _____

b) 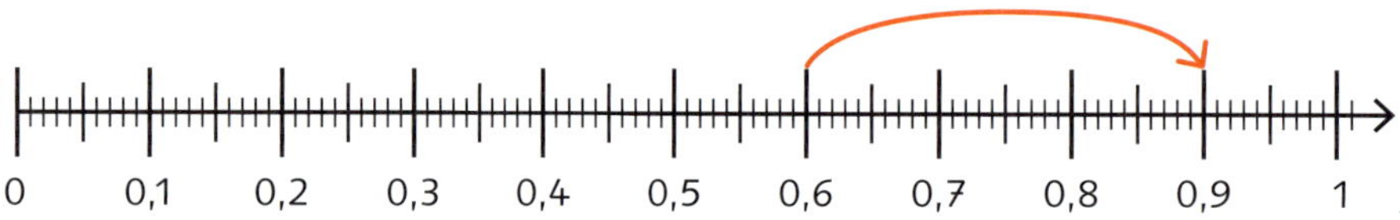

_____ + _____ = _____

c) 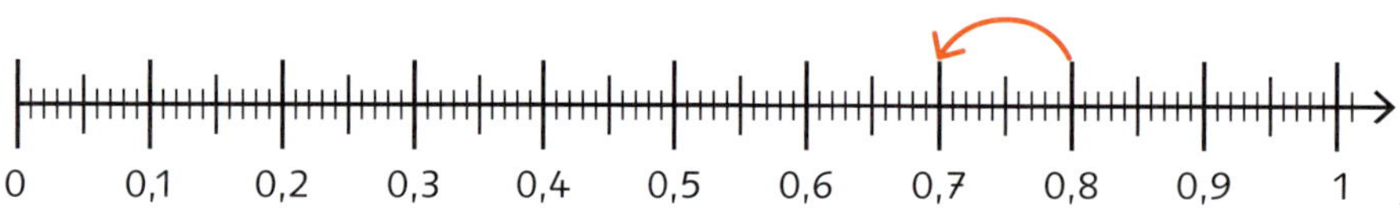

_____ – _____ = _____

5 Stelle die Rechenaufgaben am Zahlenstrahl dar.

a) 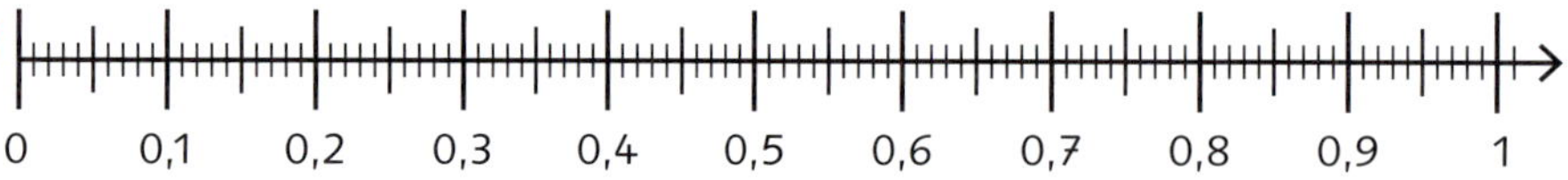

0,5 + 0,1 = _____

b) 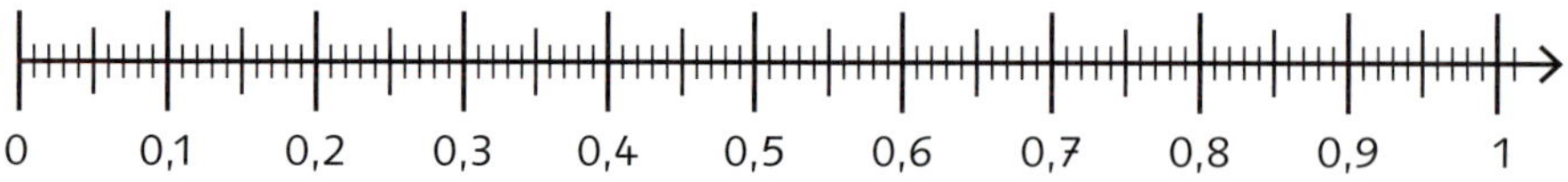

0,7 – 0,1 = _____

▸ Seiten 58/59

Liter und Milliliter

1 Was passt zusammen? Verbinde.

5 ml	330 ml	18 l	800 l

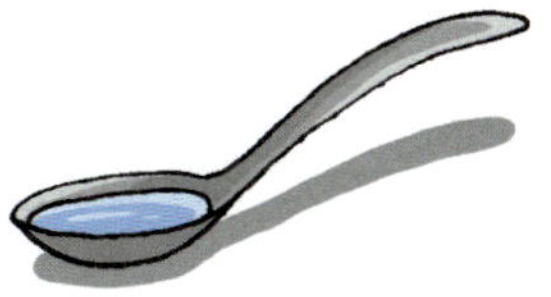

2 Schreibe in die Stellenwerttafel. Rechne in l um.

a)

	l	ml	
1 250 ml			________
2 500 ml			________
2 750 ml			________
4 050 ml			________

b)

	l	ml	
3 467 ml			________
5 608 ml			________
9 046 ml			________
6 003 ml			________

3

Bowle
(Rezept für 6 Personen)

100 ml Kirschsirup	250 ml Bananensaft	750 ml Bitter Lemon
250 ml Ananassaft	300 ml Orangensaft	750 ml Mineralwasser

a) Wie viele ml Bowle entstehen beim Mixen der Zutaten?

Es entstehen ________________.

b) Wie viele ml bekommt jedes der sechs Kinder von der Bowle?

Jedes Kind ________________.

▸ Seiten 60–63

Die Stellenwerttafel

1 a) Ergänze die Merksätze.

Das Komma steht zwischen ________________ und ________________ .

Die Stellen nach dem Komma heißen ____________________________ .

b) Wie heißen die Stellen in der Stellenwerttafel?

z: ________________ h: ________________ t: ________________

Setze ein:

Nachkommastellen | Einer | Zehntel | Zehntel | Hundertstel | Tausendstel

2 Trage in die Stellenwerttafel ein.

a)

	H	Z	E	z	h	t
3,51						
17,6						
193,258						
2,943						

b)

	H	Z	E	z	h	t
26,01						
843,5						
7,6						
2						

3 Schreibe die Kommazahl.

a)

H	Z	E	z	h	t	
	3	9	5	2		________
		1	3			________
7	0	3	4	4	1	________
	2	8	1			________

b)

H	Z	E	z	h	t	
4	5	0	2			________
		3	1	2	3	________
	9	6	7			________
	4	3	5	8		________

4 Schreibe in die Stellenwerttafel. Wie heißt die Kommazahl?

a)

	H	Z	E	z	h	t	
3E 6z 4h							________
5H 8Z 2E 3z							________
9Z 2E 8z 6h							________
4E 3z 8h 8t							________

b)

	H	Z	E	z	h	t	
2h 1E 3z							________
9t 4Z 3E 8h 7z							________
6E 5h 8Z 4H 1z							________
7z 5E 3h 1t							________

▸ Seite 61

Subtraktion – Übung und Wiederholung

1 Rechne im Kopf.

a)

	HT	ZT	T	H	Z	E
70 – 1						
700 – 1						
7 000 – 1						
70 000 – 1						
700 000 – 1						

b)

	HT	ZT	T	H	Z	E
18 960 – 1						
18 960 – 10						
18 960 – 100						
18 960 – 1 000						
18 960 – 10 000						

2 Rechne halbschriftlich.

9 5 0 – 6 8 0 =

7 7 0 0 – 3 8 0 0 =

3 Rechne. Welches Ergebnis passt? Verbinde.

60 000 – 1

6 320 – 300

64 007 – 4 007

599 999 | 69 000 | 59 999

60 000 | 6 200 | 6 020

600 000 – 1

79 070 – 10 070

6 380 – 180

4 Berechne die Differenz. Achte auf die Überträge.

a)

	T	H	Z	E
	8	4	9	5
–	2	7	3	5

b)

	T	H	Z	E
	9	8	3	4
–	5	6	1	8

c)

	T	H	Z	E
	6	7	8	5
–	3	2	9	5

3 490 | 4 216 | 5 760 | 6 316

5 Berechne die Differenz. Achte auf die Null.

a)

	T	H	Z	E
	8	6	0	5
–	4	2	8	7

b)

	T	H	Z	E
	7	5	0	3
–	2	1	6	1

c)

	ZT	H	Z	E
	6	9	0	7
–	1	4	3	9

4 318 | 4 462 | 5 342 | 5 468

▸ Seiten 64/65

Subtraktion bis 100 000

1 Berechne zuerst den Überschlag. Rechne dann genau.

a) 41 283 – 19 158

Ü: 40000 – 20000 = 20 000

	ZT	T	H	Z	E
	4	1	2	8	3
–	1	9	1	5	8

K: ______ ≈ 20 000

b) 79 402 – 32 518

Ü: ______ – ______ = ______

	ZT	T	H	Z	E
–					

K: ______ ≈ ______

c) 62 000 – 33 516

Ü: ______ – ______ = ______

	ZT	T	H	Z	E
–					

K: ______ ≈ ______

d) 96 753 – 38 205

Ü: ______ – ______ = ______

	ZT	T	H	Z	E
–					

K: ______ ≈ ______

e) 86 000 – 735

Ü: ______ – ______ = ______

	ZT	T	H	Z	E
–					

K: ______ ≈ ______

f) 30 000 – 96

Ü: ______ – ______ = ______

	ZT	T	H	Z	E
–					

K: ______ ≈ ______

2 Rechne im Kopf.

100 – 50 – 1 = ☐☐☐☐☐

1 000 – 500 – 10 = ☐☐☐☐☐

10 000 – 5 000 – 100 = ☐☐☐☐☐

100 000 – 50 000 – 1000 = ☐☐☐☐☐

▸ Seiten 66/67

Subtraktion mit mehreren Zahlen

Rechne immer in zwei Schritten. Schreibe stellengerecht untereinander.

1 75 650 – 8 215 – 13 820

1. Schritt

HTZT T H Z E

2. Schritt

HTZT T H Z E

2 96 500 – 26 037 – 5 215

1. Schritt

HTZT T H Z E

2. Schritt

HTZT T H Z E

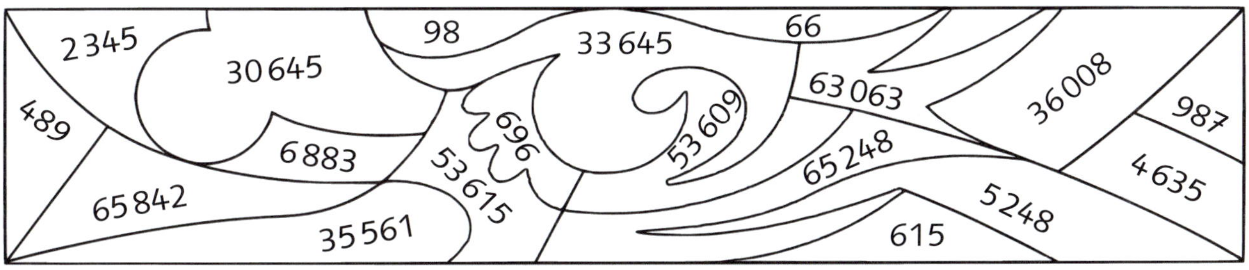

3 82 733 – 17 180 – 2 490

1. Schritt

HTZT T H Z E

2. Schritt

HTZT T H Z E

4 67 425 – 9 280 – 24 500

1. Schritt

HTZT T H Z E

2. Schritt

HTZT T H Z E

▸ Seiten 72/73

Addition und Subtraktion bis 100 000

1 Rechne im Kopf. Achte auf Addition und Subtraktion.

a)

Aufgabe	HT	ZT	T	H	Z	E
54 607 + 1						
54 607 + 10						
54 607 + 100						
54 607 + 1 000						
54 607 + 10 000						

b)

Aufgabe	HT	ZT	T	H	Z	E
37 058 – 1						
37 058 – 10						
37 058 – 100						
37 058 – 1 000						
37 058 – 10 000						

2 Gemischte Aufgaben

a)

Aufgabe	HT	ZT	T	H	Z	E
26 030 – 70						
68 003 – 9						
29 800 + 500						
72 000 – 6 000						
9 600 + 10 000						

b)

Aufgabe	HT	ZT	T	H	Z	E
46 000 + 9 000						
59 600 + 700						
10 000 – 50						
89 997 + 3						
60 060 – 80						

3 Berechne Summe und Differenz. Achte auf die Überträge.
Denke an die besonderen Schreibweisen von Addition und Subtraktion.

Addition	Subtraktion
4 268 + 59 650	87 600 – 15 395
64 395 + 89 214	90 000 – 28 456
46 375 + 425	54 782 – 256

HT ZT T H Z E

HT ZT T H Z E

HT ZT T H Z E

HT ZT T H Z E

HT ZT T H Z E

HT ZT T H Z E

▶ Seiten 72–75

Kilogramm und Gramm

1 Was passt zusammen? Verbinde.

5 kg	2 kg	20 kg	500 g

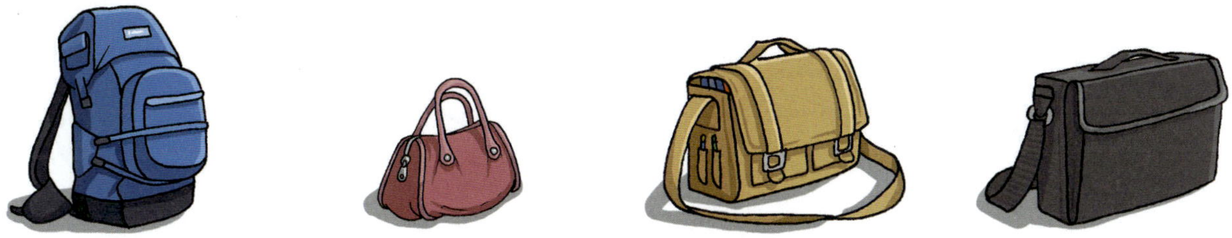

2 Runde auf volle kg. Kreise in der richtigen Farbe ein.

4 kg   5 kg   6 kg

4,216 kg   5,784 kg   3,918 kg   6,249 kg

5,362 kg   4,951 kg   6,487 kg   5,643 kg

3 Schreibe in die Stellenwerttafel und ergänze die Nullen. Rechne in kg um.

a)

	kg		g			
2 kg 36 g						______
17 kg 4 g						______
24 kg 88 g						______
45 kg 9 g						______

b)

	kg		g			
4 kg 400 g						______
5 kg 60 g						______
38 kg 403 g						______
16 kg 8 g						______

4 Rechne zuerst den Überschlag. Rechne dann genau.

2,941 kg + 18,567 kg
Ü: ______

kg	g

23,534 kg – 4,129 kg
Ü: ______

kg	g

8,786 kg + 9,959 kg
Ü: ______

kg	g

18,745 kg | 19,405 kg | 20,308 kg | 21,508 kg

Tonne und Kilogramm

1 Was passt zusammen? Verbinde.

180 t | 243 kg | 2 t | 2 000 t

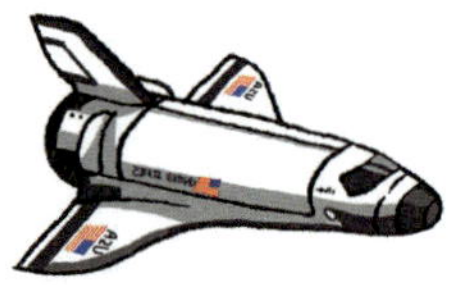

2 Runde auf volle t. Kreise in der richtigen Farbe ein.

16 t | 17 t | 18 t

17,367 t | 18,394 t | 15,881 t | 16,079 t

18,163 t | 15,599 t | 17,628 t | 17,149 t

3 Schreibe in die Stellenwerttafel. Schreibe in t und runde dann auf volle t.

	t		kg		
2 782 kg					
14 329 kg					
5 165 kg					
82 079 kg					

4 Rechne zuerst den Überschlag. Rechne dann genau.

7,486 t – 1,534 t
Ü: ____________

t	kg

243,817 t + 120,394 t
Ü: ____________

t	kg

180,069 t + 119,357 t
Ü: ____________

t	kg

5,952 t | 6,952 t | 299,426 t | 364,211 t

▸ Seiten 82/83

Der Kreis

1 Zeichne Radius und Durchmesser ein. Kennzeichne den Kreisumfang. Ordne die Begriffe zu.

Mittelpunkt

Radius

Kreisumfang

Durchmesser

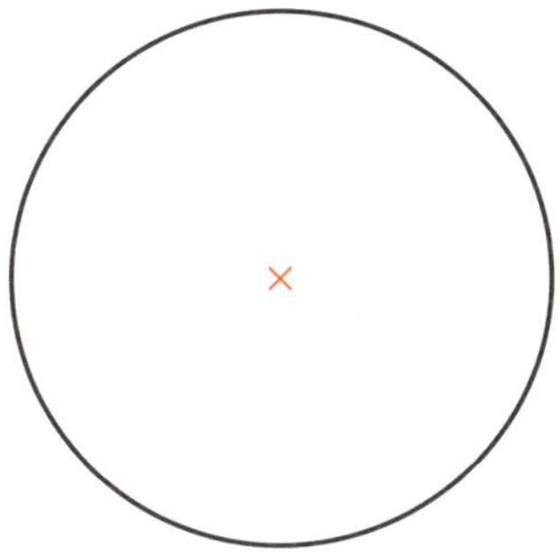

2 Zeichne die Zirkelblume.

Anleitung: Stelle den Zirkel auf den Radius 3 cm ein. Zeichne einen Kreis. Verändere die Einstellung des Zirkels nicht. Steche den Zirkel irgendwo auf dem Kreisumfang ein. Zeichne einen zweiten Kreis. Wo der zweite Kreis den ersten Kreis schneidet, steche wieder ein und zeichne einen dritten Kreis. Wo der dritte Kreis den ersten Kreis schneidet, steche wieder ein und zeichne einen vierten Kreis und so weiter.

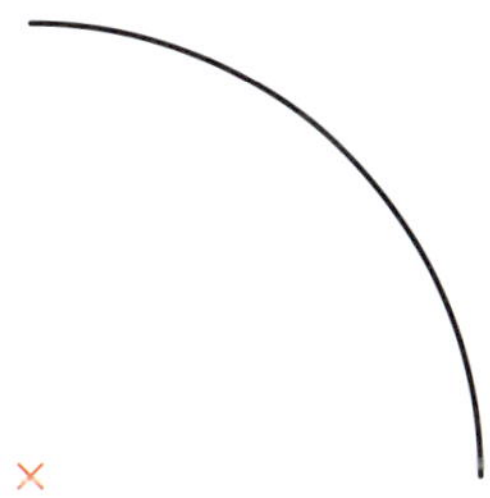

▸ Seiten 84/85

Radius, Durchmesser und Kreisumfang

1 Zeichne d und r in die Kreise ein. Miss aus. Fahre den Umfang farbig nach.

a)

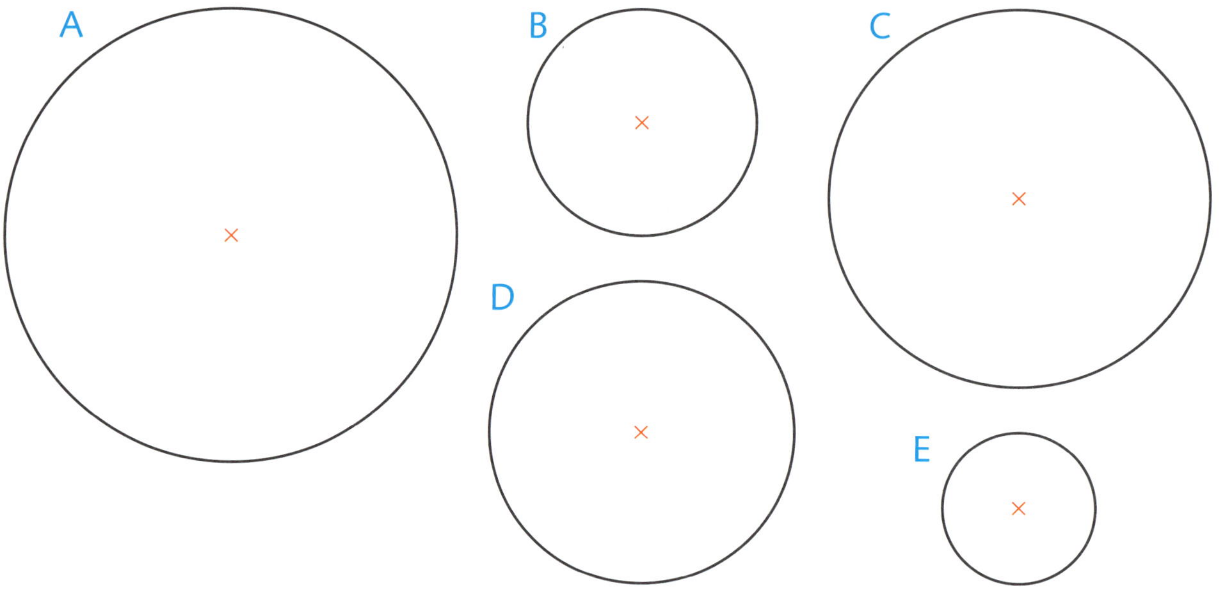

b) Trage die Ergebnisse in die Tabelle ein.

	Kreis A	Kreis B	Kreis C	Kreis D	Kreis E
Radius	r =				
Durchmesser	d =				

c) Berechne den Kreisumfang u mit dem Taschenrechner. Trage die Ergebnisse ein.

$u_\circ = d \cdot \pi$

Der Umfang ist gleich Durchmesser mal Pi.

	Kreis A	Kreis B	Kreis C	Kreis D	Kreis E
Kreisumfang	$u_\circ$ =				

6,28 cm | 9,42 cm | 12,57 cm | 15,71 cm | 16,53 cm | 18,85 cm

2 Der Durchmesser der Erde beträgt auf Höhe des Äquators etwa 12 700 km.
Wie lang ist der Äquator (einmal rund um die Erde)?
Nutze den Taschenrechner.

Rechnung: ______________________________

Antwort: ______________________________

► Seiten 86/87

Schriftliche Multiplikation

1 Ergänze die Sätze.

a) Das Ergebnis der Multiplikation heißt ______________________.

b) Bei der Multiplikation beginne ich bei den ______________________.

c) Ich muss auf die ______________________ achten.

Merkzahlen | Produkt | Einern

2 a)

ZT	T	H	Z	E		
	2	3	1	6	·	3
		ZT	T	H	Z	E

ZT	T	H	Z	E		
	1	7	4	4	·	2
		ZT	T	H	Z	E

ZT	T	H	Z	E		
	3	1	0	1	·	7
		ZT	T	H	Z	E

b)

ZT	T	H	Z	E		
	4	8	1	7	·	6
		ZT	T	H	Z	E

ZT	T	H	Z	E		
	8	4	1	2	·	9
		ZT	T	H	Z	E

ZT	T	H	Z	E		
	2	7	3	9	·	5
		ZT	T	H	Z	E

3 488 | 6 948 | 13 695 | 21 707 | 28 902 | 54 286 | 75 708

3 a)

ZT	T	H	Z	E		
3	1	2	2	1	·	3
	HT	ZT	T	H	Z	E

ZT	T	H	Z	E		
2	1	2	1	1	·	4
	HT	ZT	T	H	Z	E

ZT	T	H	Z	E		
4	2	1	3	2	·	5
	HT	ZT	T	H	Z	E

b)

ZT	T	H	Z	E		
2	1	3	7	2	·	7
	HT	ZT	T	H	Z	E

ZT	T	H	Z	E		
3	0	9	7	2	·	8
	HT	ZT	T	H	Z	E

ZT	T	H	Z	E		
4	1	2	7	1	·	9
	HT	ZT	T	H	Z	E

84 844 | 93 663 | 149 604 | 210 660 | 247 776 | 371 439 | 423 875

4 Paul hat sich einen Motorroller gekauft. Er muss dafür neun Monatsraten zu je 189 € bezahlen. Wie teuer ist der Motorroller?

Antwort: ______________________

____

▸ Seiten 92/93

Multiplikation mit mehrstelligen Zahlen

1 a)

ZT	T	H	Z	E		Z	E
	1	2	1	5	·	2	3
			HT	ZT	T	H	Z	E

ZT	T	H	Z	E		Z	E
	2	4	1	2	·	4	1
			HT	ZT	T	H	Z	E

b)

ZT	T	H	Z	E		Z	E
	4	0	3	7	·	3	5
			HT	ZT	T	H	Z	E

ZT	T	H	Z	E		Z	E
	5	2	1	4	·	6	7
			HT	ZT	T	H	Z	E

2 a)

ZT	T	H	Z	E		H	Z	E
	2	3	1	8	·	1	5	2
			HT	ZT	T	H	Z	E

ZT	T	H	Z	E		H	Z	E
	1	3	7	2	·	4	7	3
			HT	ZT	T	H	Z	E

b)

ZT	T	H	Z	E		H	Z	E
	3	6	8	3	·	2	6	9
			HT	ZT	T	H	Z	E

ZT	T	H	Z	E		H	Z	E
	1	9	7	2	·	2	8	1
			HT	ZT	T	H	Z	E

Aufgaben 1 und 2: 27 945 | 98 892 | 141 295 | 349 338 | 352 336 | 458 215 | 554 132 | 648 956 | 990 727

▶ Seiten 94–97

Sachaufgaben zur Multiplikation

1 Auf einen Zug werden Kisten und Säcke aufgeladen.

a) Es sind 728 Kisten, von denen jede 42 kg wiegt. Wie schwer sind die Kisten zusammen?

Antwort: ______________________

____

b) Es sind 816 Säcke, von denen jeder 59 kg wiegt. Wie schwer sind die Säcke zusammen?

Antwort: ______________________

____

2 Frau Kurz und Frau Lang vergleichen die Strecken, die sie mit ihrem Auto gefahren sind.

a) Frau Kurz ist mit ihrem Auto in jedem Monat durchschnittlich 1 765 km gefahren. Welche Strecke fuhr sie in 3 Jahren?

Antwort: ______________________

____

b) Frau Lang ist mit ihrem Auto in jedem Monat durchschnittlich 1 695 km gefahren. Welche Strecke fuhr sie in 2 Jahren und 6 Monaten?

Antwort: ______________________

____

▸ Seite 98

Rechnen mit Geld

1

a) 4,61 € · 2   6,35 € · 3   8,20 € · 5

b) 14,71 € · 6   10,89 € · 9   22,60 € · 7

c) 96,82 € · 12   18,64 € · 24   0,75 € · 43

9,22 € | 19,05 € | 32,25 € | 41,00 € | 88,26 € | 98,01 € | 158,20 € | 352,76 € | 447,36 € | 1161,84 €

2 Anna kauft sieben Farbstifte, das Stück zu 0,85 €, und drei Bleistifte, das Stück zu 1,29 €.

a) Wie viel muss Anna für die Farbstifte bezahlen?
Antwort: ______________________

____

b) Wie viel muss Anna für die Bleistifte bezahlen?
Antwort: ______________________

____

c) Anna bezahlt an der Kasse mit einem 20-€-Schein. Wie viel bekommt sie zurück?
Antwort: ______________________

____

d) Wie viel Geld würde Anna zurückbekommen, wenn sie noch ein Lineal für 3,95 € kauft?
Antwort: ______________________

____

▸ Seite 99

Rechenregeln

1 Achte auf die Rechenregel.

a) $5 \cdot 6 + 3$ = ☐ + ☐ = ☐ $9 \cdot 8 - 6$ = = $45 - 4 \cdot 6$ = =

b) $28 + 45 : 9$ = = $72 - 6 \cdot 11$ = = $60 : 6 + 60$ = =

2 Schreibe die richtigen Rechenzeichen und löse die Aufgaben.

a) Subtrahiere vom Produkt aus 3 und 6 die Zahl 4.

3 6 4

b) Dividiere 36 durch 9 und addiere 15.

36 9 15

3 Achte auf die Klammer.

a) $(3 + 4) \cdot 8$ = ☐ · ☐ = ☐ $12 : (13 - 7)$ = = $10 \cdot (20 - 9)$ = =

b) $(18 - 11) \cdot 6$ = = $75 : (22 - 7)$ = = $3 \cdot (21 + 19)$ = =

c) $90 : (12 + 3)$ = = $(29 - 11) \cdot 3$ = = $7 \cdot (26 - 18)$ = =

▸ Seiten 100/101

Zusammenhänge erkennen (1)

1 Kenan geht einkaufen. Er möchte mehrere Pakete Milch kaufen.

Anzahl Pakete	Preis (in ct)
0	0 ct
1	50 ct
2	100 ct
3	150 ct
4	200 ct
5	250 ct

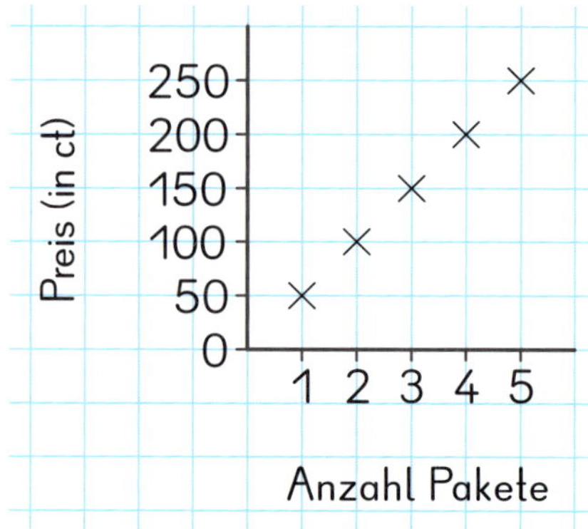

Finde für jede Zeile in der Tabelle den passenden Punkt im Koordinatensystem. Markiere die Zeile und den Punkt mit der gleichen Farbe.

2 Kenan möchte auch Apfelsaft kaufen. Ein Paket kostet 80 ct.

a) Vervollständige die Tabelle.

b) Finde für jede Zeile in der Tabelle den passenden Punkt im Koordinatensystem. Markiere die Zeile und den Punkt mit der gleichen Farbe.

Anzahl Pakete	Preis (in ct)
0	
1	
2	
3	
4	
5	
6	

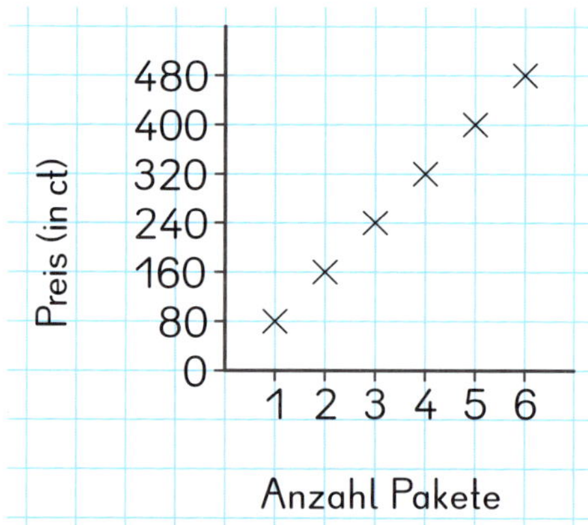

3 Kenan möchte auch Spaghetti kaufen. Ein Paket kostet 40 ct.

a) Vervollständige die Tabelle.

b) Finde für jede Zeile in der Tabelle den passenden Punkt im Koordinatensystem. Markiere die Zeile und den Punkt mit der gleichen Farbe.

Anzahl Pakete	Preis (in ct)

▸ Seiten 102/103

Zusammenhänge erkennen (2)

1 Kenan möchte Stifte kaufen. Ein Stift kostet 1,20 €.

a) Vervollständige die Tabelle.

b) Trage für jede Zeile in der Tabelle die passenden Punkte im Koordinatensystem ein.

Anzahl Stifte	Preis (in €)

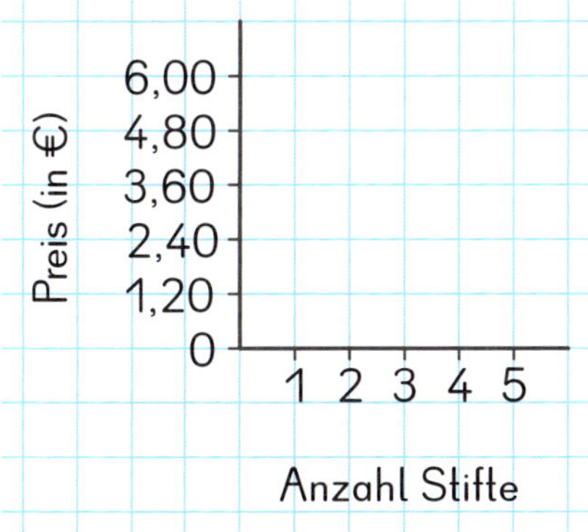

c) Der Zusammenhang ist: Je mehr ________, desto ________________.

2 Ein ICE fährt mit voller Geschwindigkeit. Er legt pro Minute 4 km zurück.

a) Vervollständige die Tabelle.

b) Beschrifte die Achsen. Trage für jede Zeile in der Tabelle die passenden Punkte im Koordinatensystem ein.

Zeit (in min)	Strecke (in km)

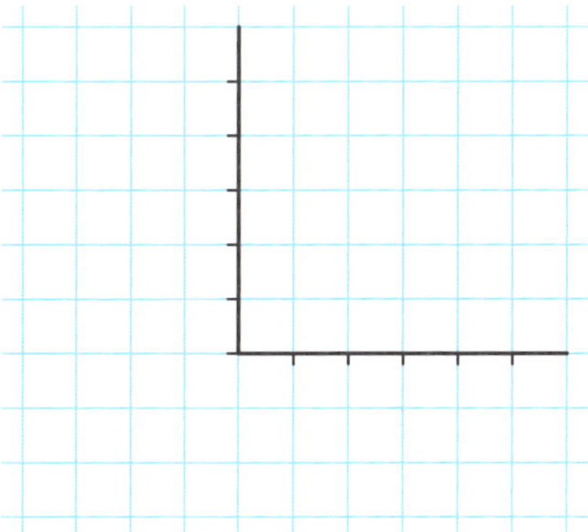

c) Der Zusammenhang ist: Je mehr ________, desto ________________.

3 Eine Kerze ist zu Beginn 10 cm lang.
Sie brennt jede Stunde gleichmäßig 1,5 cm ab.

a) Vervollständige die Tabelle.

b) Beschrifte die Achsen. Trage für jede Zeile in der Tabelle die passenden Punkte im Koordinatensystem ein.

Zeit (in Stunden)	Kerzenlänge (in cm)

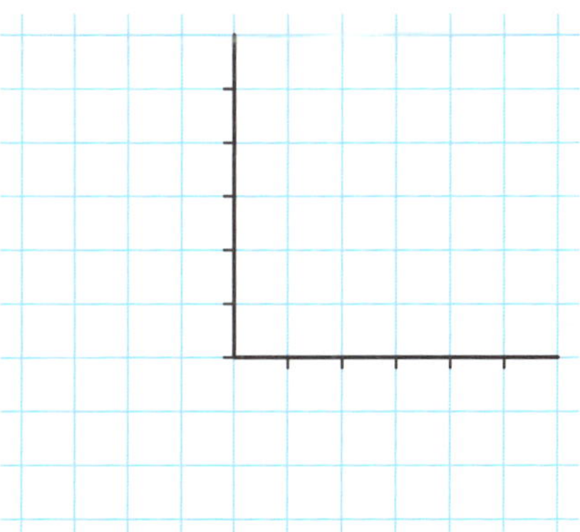

c) Der Zusammenhang ist: ________________________________.

▸ Seiten 102/103

Meter, Zentimeter und Millimeter

1 Was passt zusammen? Verbinde.

1,40 m | 50 cm | 7 cm | 6 mm

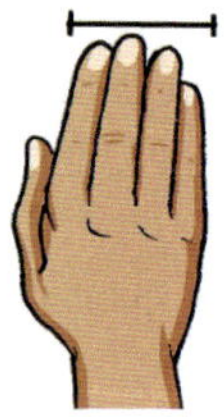

2 Runde auf volle m. Kreise in der richtigen Farbe ein.

1 m | 2 m | 3 m

1,7 m 2,56 m 3,192 m 2,08 m 0,79 m 3,4 m

2,631 m 3,072 m 1,177 m 0,56 m 1,95 m

3 Schreibe in die Stellenwerttafel. Schreibe in cm und rechne dann in mm um.

a)

	m	cm
2,56 m		
9,74 m		
1,35 m		
0,47 m		

2,56 m = ________ cm = ________ mm
9,74 m = ________ cm = ________ mm
1,35 m = ________ cm = ________ mm
0,47 m = ________ cm = ________ mm

4 Rechne zuerst den Überschlag. Rechne dann genau.

2 596 mm + 438 mm
Ü: ________

396,5 cm – 98,2 cm
Ü: ________

4,265 m – 1,63 m
Ü: ________

2,635 | 27,42 | 298,3 | 3 034

► Seiten 108/109

Dezimeter, Elle und Fuß

1 Wie lang sind diese Strecken? Schreibe in dm und cm.

a)

1 dm 3 cm

b)

______

c)

______

d)

______

e)

______

2 Zeichne die Strecken.

a) 1 dm b) 1 dm 3 cm c) 1 dm 2 cm d) 0 dm 8 cm

3 Rechne um.

a)		b)		c)	
3 dm = ____ cm		5 m = ____ dm		8 dm = ____ cm	
140 cm = ____ dm		280 dm = ____ m		29 cm = ____ dm ____ cm	
7 dm 2 cm = ____ cm		6 m 5 dm = ____ dm		57 dm = ____ m ____ dm	

4 a) Miss bei dir.

Elle: ____ cm Fuß: ____ cm

b) Miss …

mit deiner Elle. Länge des Tisches: ____ Ellen

mit deinem Fuß. Länge des Klassenzimmers: ____ Fuß

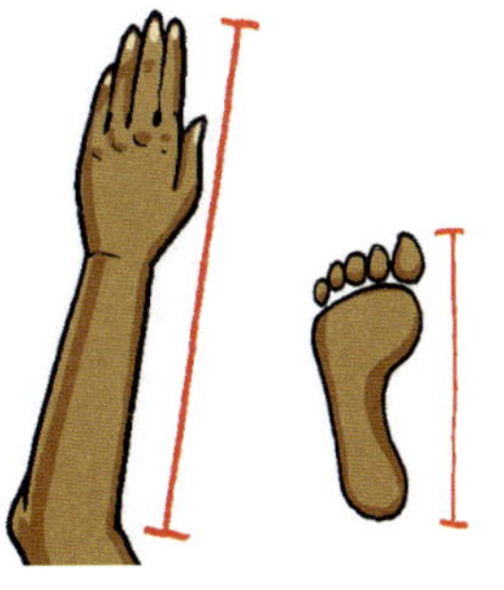

▸ Seite 110

Kilometer und Meter

1 Was passt zusammen? Verbinde.

1 200 km	800 km	30 km	7 400 km

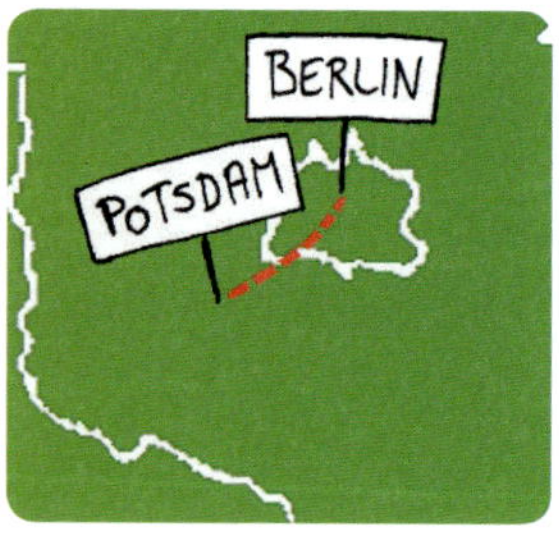

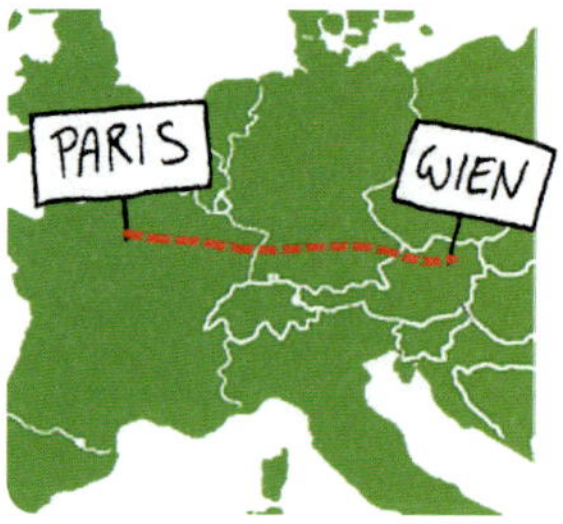

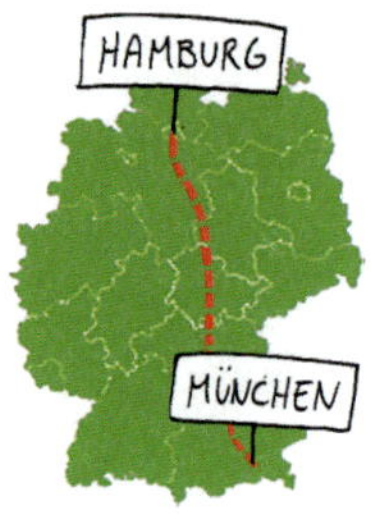

2 Runde auf volle km. Kreise in der richtigen Farbe ein.

15 km   16 km   17 km

16,387 km   16,516 km   14,884 km   15,207 km

16,904 km   15,797 km   16,380 km   15,099 km

3 Schreibe in die Stellenwerttafel und ergänze die Nullen. Rechne in m um.

a)

	km	m	
12 km 55 m			______
3 km 94 m			______
25 km 7 m			______
80 km 6 m			______

b)

	km	m	
60 km 400 m			______
8 km 30 m			______
44 km 4 m			______
9 km 90 m			______

4 Rechne zuerst den Überschlag. Rechne dann genau.

4,250 km – 2,980 km
Ü: ______

km	m

5,640 km + 17,395 km
Ü: ______

km	m

34,058 km – 17,951 km
Ü: ______

km	m

1,270 km | 12,710 km | 16,107 km | 23,035 km

▸ Seiten 112/113

Umfang berechnen

1 Umfang und Flächeninhalt bei Vierecken

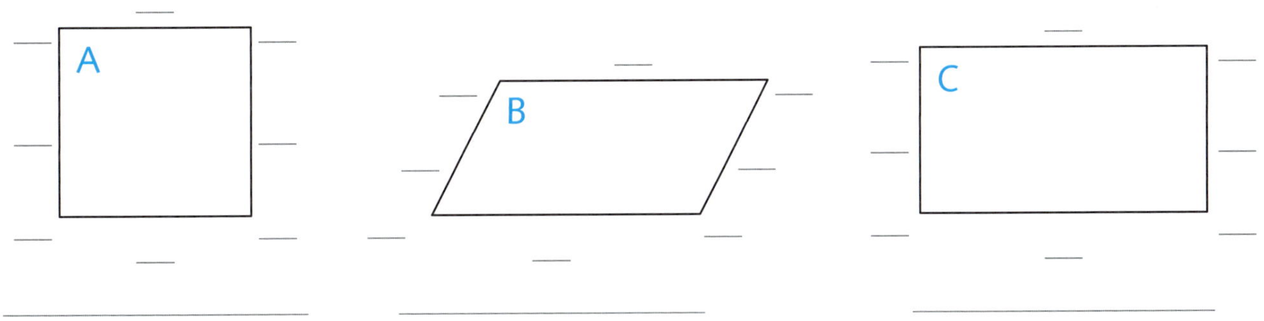

a) Ergänze fehlende Ecken- und Seitenbezeichnungen. Bestimme die Figur.

b) Fahre ihren Umfang farbig nach und färbe den Flächeninhalt.

c) Berechne den Umfang.

A $u_{\square}$ = a + a + a + a

$u_{\square}$ = cm + cm + cm + cm

$u_{\square}$ = cm

B $u_{▱}$ =

$u_{▱}$ =

$u_{▱}$ =

C $u_{▭}$ =

$u_{▭}$ =

$u_{▭}$ =

2 Rechteck oder Quadrat?

a) Überlege zuerst: Um welche Figur handelt es sich? Schreibe den Namen in die Tabelle.

b) Berechne anschließend und ergänze die Tabelle. Eine Skizze hilft dir.

Figur					
Seite a	110 mm	15 cm	25 cm	30 mm	47 mm
Seite b	110 mm			20 mm	59 mm
Umfang		40 cm	100 cm		

▸ Seiten 116–118

Parallelogramm

1 Parallelogramm – ja oder nein? Kreuze an.

a)
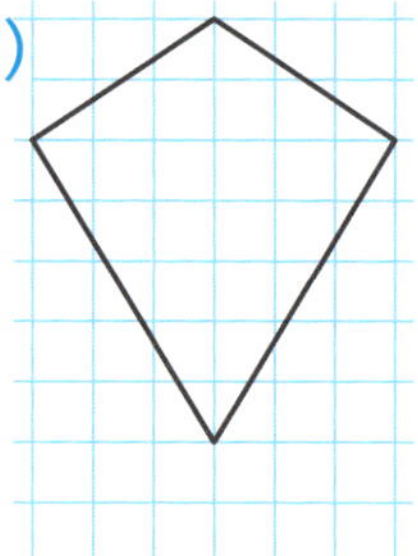
○ ja
○ nein

b)
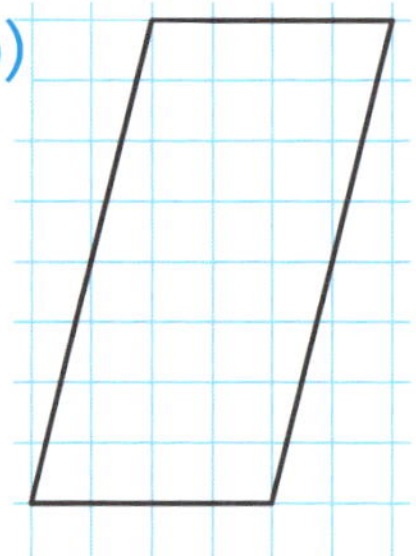
○ ja
○ nein

c)
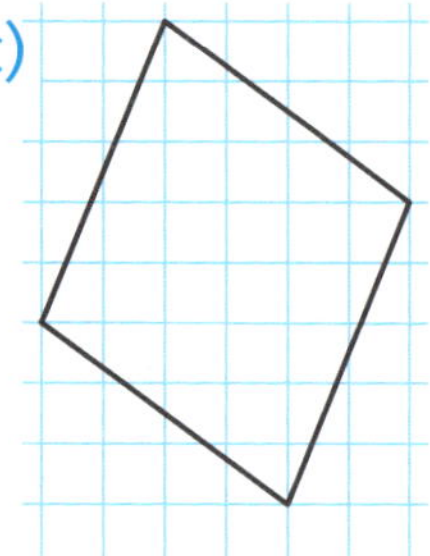
○ ja
○ nein

d)
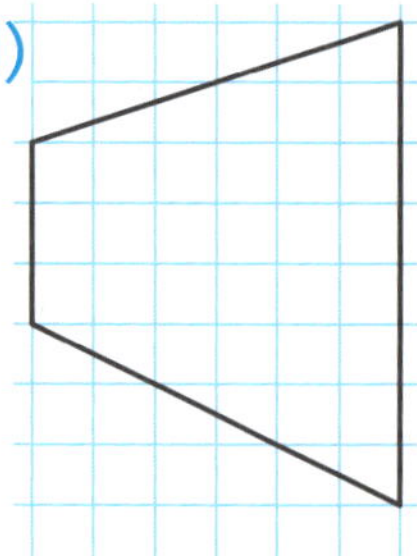
○ ja
○ nein

2 Ergänze zu Parallelogrammen.

a)
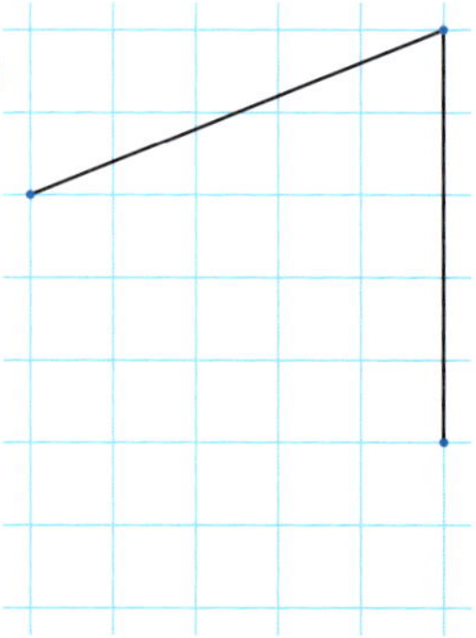

b)
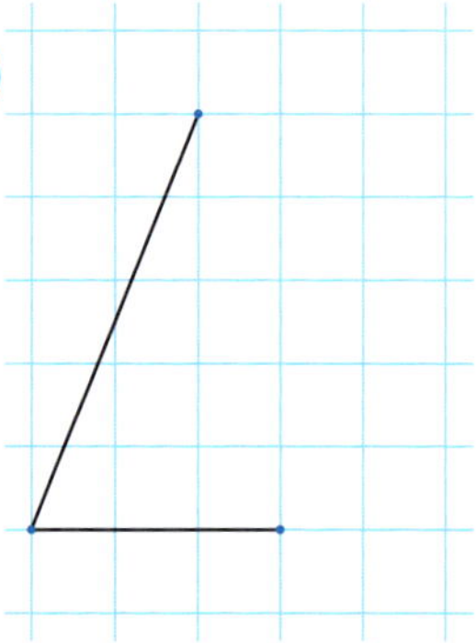

c)
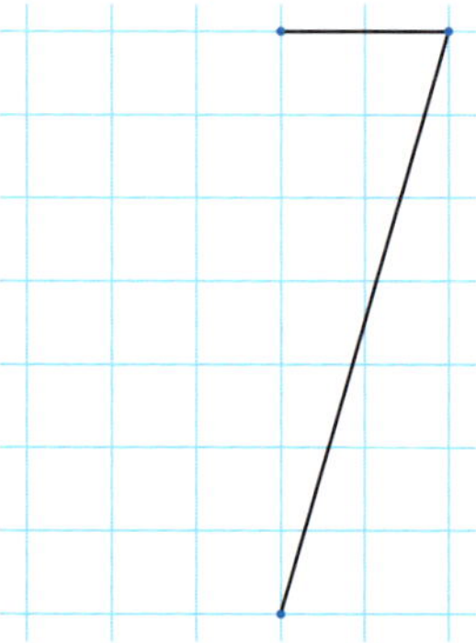

d)
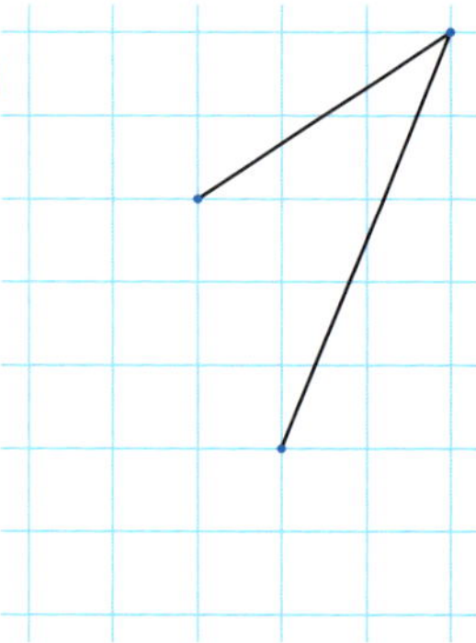

3 Kennst du dich beim Parallelogramm aus?

Setze ein:

gleich lang | Viereck | parallel | vier | Winkel | gleich groß | Winkel | gegenüberliegenden

Das Parallelogramm ist ein ______________ .

Es hat ________ Ecken und vier ____________ .

Die ________________________ Seiten

sind ______________ und ______________ .

Die gegenüberliegenden ________________

sind __________________ .

4 Berechne den Umfang von zwei Parallelogrammen aus Aufgabe 2.

$u_{▱} = 2 \cdot a + 2 \cdot b$

$u_{▱} = 2 \cdot$ ___ cm $+ 2 \cdot$ ___ cm

$u_{▱} =$ ___ cm

$u_{▱} = 2 \cdot a + 2 \cdot b$

$u_{▱} =$

$u_{▱} =$

▸ Seite 118

Flächeninhalt bestimmen und berechnen

1 In welcher Einheit misst du den Flächeninhalt, in m^2, cm^2 oder mm^2? Trage ein.

2 a) Miss die Seitenlängen, trage die Werte ein.

b) Vervollständige die Zeichnung und zeichne den Umfang farbig.

c) Färbe den Flächeninhalt. Berechne ihn.

A = ____________

A = ____________

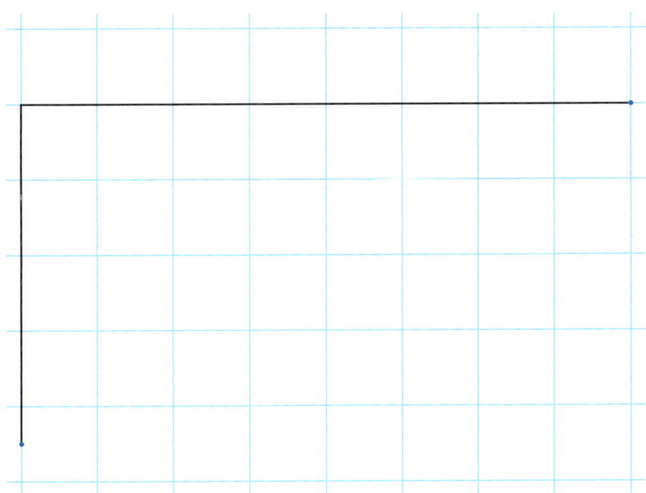

A = ____________

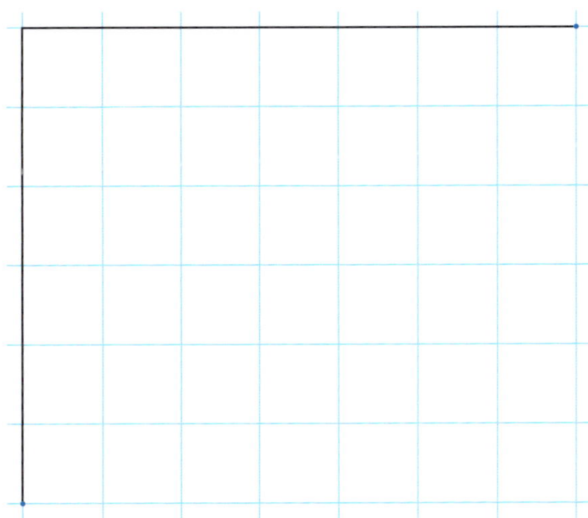

A = ____________

▸ Seiten 120–122

Aufgaben für Profis

1 Zusammengesetzte Figuren

A
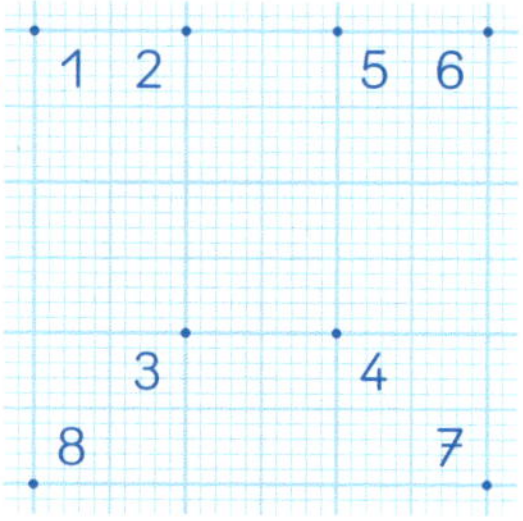

B
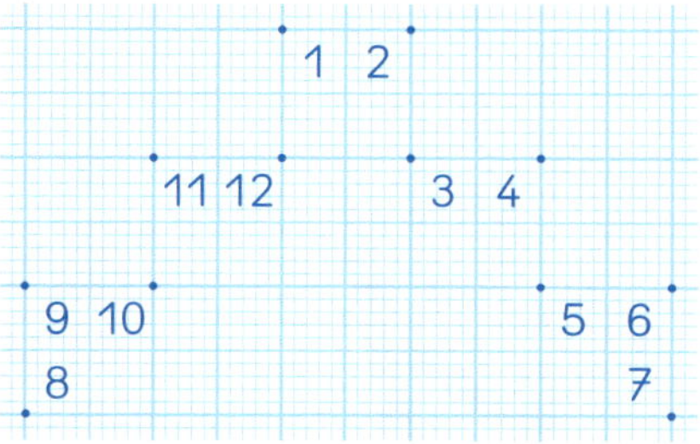

C
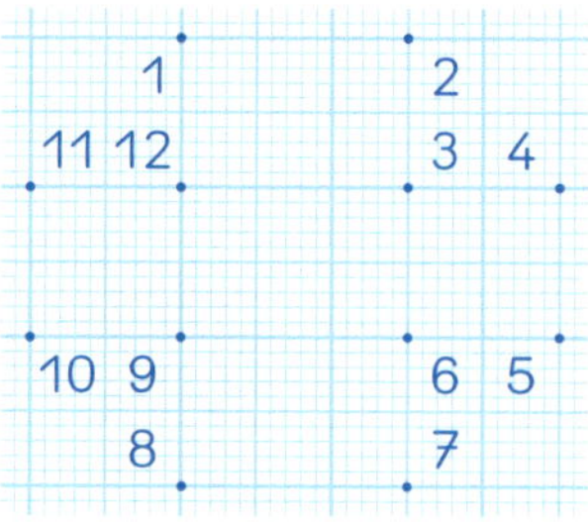

a) Verbinde alle Punkte in der richtigen Reihenfolge mit dem Lineal.

b) Färbe den Flächeninhalt der entstandenen Figuren.

c) Schätze den Flächeninhalt in mm². Ermittle dann genau.

A $A_{(geschätzt)}$ = B C

$A_{(genau)}$ =

d) Sortiere die Figuren nach ihrem Flächeninhalt.

Beginne mit dem kleinsten. ______________________

2 In Neustadt wird ein Fußballfeld neu angelegt. Es soll 65 m breit und 105 m lang werden. Auf dem Spielfeld soll anschließend Rasen eingesät werden.

a) Wie groß wird das Fußballfeld? Berechne den Flächeninhalt.

b) Eine Packung Grassamen reicht für 50 m².
Wie viele Packungen werden benötigt?

c) Eine Packung Grassamen kostet 12 €.
Wie viel kostet der Grassamen insgesamt?

▸ Seite 123

Division – Wiederholung

1 Berechne den Quotienten.

a) 28 : 4 = ☐
49 : 7 = ☐
64 : 8 = ☐

b) 360 : 9 = ☐☐
540 : 6 = ☐☐
720 : 8 = ☐☐

c) 1200 : 3 = ☐☐☐
4200 : 6 = ☐☐☐
4500 : 5 = ☐☐☐

2 Welche Zahlen fehlen?

a) 32 : 4 = ☐
45 : ☐ = 9
☐☐ : 7 = 9

b) 42 : ☐ = 6
☐☐ : 3 = 8
72 : 8 = ☐

c) ☐☐☐☐ : 2 = 600
3600 : ☐ = 600
4800 : 8 = ☐☐☐

3 Bilde Aufgabenfamilien.

a) 4 | 9 | 36

· =	: =
· =	: =

b) 70 | 7 | 490

4 Aufgaben mit Rest

a) 15 : 2 = ☐ R ☐
19 : 3 = ☐ R ☐
22 : 4 = ☐ R ☐

b) 37 : 7 = ☐ R ☐
45 : 6 = ☐ R ☐
44 : 5 = ☐ R ☐

c) 57 : 8 = ☐ R ☐
88 : 9 = ☐ R ☐
66 : 7 = ☐ R ☐

5 Für das Schulfest müssen 360 Stühle in die Aula gebracht werden. Jeder Schüler nimmt immer vier Stühle.

Frage: ______________________

Rechnung: ______________________

Antwort: ______________________

6 Teile eine gedachte Zahl durch 8 und du erhältst 9.

Diese Zahl heißt: ☐☐

▸ Seiten 124/125

Teilbarkeitsregeln

1 Erinnere dich an die Merksätze zur Teilbarkeit durch 10, 5 und 2.

a) Eine Zahl ist teilbar durch ☐, wenn die letzte Ziffer eine 5 oder 0 ist.

b) Eine Zahl ist teilbar durch ☐, wenn die letzte Ziffer gerade ist.

c) Eine Zahl ist teilbar durch ☐, wenn die letzte Ziffer eine Null ist.

2 Sind die Zahlen durch 2, 5 oder 10 teilbar? Kreuze an.

a)

	: 2	: 5	: 10
715			
800			
452			
960			

b)

	: 2	: 5	: 10
26 316			
5 719			
216 890			
835 485			

3 Finde Teiler zu diesen Zahlen.

a) 12

b) 24

c) 32

d) 9

e) 36

f) 45

g) 64

h) 16

4 Teile mit System.

a)
36 : 6 = ☐
360 : 6 = ☐
3 600 : 6 = ☐
36 000 : 6 = ☐

b)
63 : 7 = ☐
630 : 7 = ☐
6 300 : 7 = ☐
63 000 : 7 = ☐

▸ Seiten 126/127

Schriftliche Division

1 Fülle die Lücken richtig aus.

a) Das Ergebnis der Division heißt ______________________.

b) Bei der Division beginne ich mit der ______________________.

c) Es muss eine ______________________ entstehen.

größten Stelle | Treppenrechnung | Quotient

2 Berechne den Quotienten.

a)

T	H	Z	E				T	H	Z	E
7	4	8	2	:	6	=				

b)

ZT	T	H	Z	E				ZT	T	H	Z	E
4	2	7	9	2	:	3	=					

c)

T	H	Z	E				T	H	Z	E
3	1	9	9	:	7	=				

d)

ZT	T	H	Z	E				ZT	T	H	Z	E
3	2	0	4	9	:	9	=					

457 | 594 | 1 247 | 3 561 | 14 264

Seiten 128/129

Rechnen mit Geld

1 Berechne den Quotienten.

a) 42 € : 7 = ☐ €
25 € : 5 = ☐ €
18 € : 3 = ☐ €
24 € : 4 = ☐ €
72 € : 8 = ☐ €

b) 450 € : 9 = ☐☐ €
540 € : 6 = ☐☐ €
640 € : 8 = ☐☐ €
180 € : 2 = ☐☐ €
490 € : 7 = ☐☐ €

c) 3600 € : 6 = ☐☐☐ €
2800 € : 7 = ☐☐☐ €
6300 € : 9 = ☐☐☐ €
4000 € : 8 = ☐☐☐ €
3500 € : 5 = ☐☐☐ €

2 Wie viel Euro kostet ein Stück?

a) Wandle zuerst in Cent um. Gib das Ergebnis auch in Euro an.

Brötchen:

160 ct : 8 = ct

Eier:

b) Rechne gleich mit dem Euro-Betrag. Achte auf das Komma.

Apfelsaftschorle:

3,60 € : 6 = €

Orangen:

► Seite 131

Schriftliche Division mit zweistelligen Zahlen

1 Der Bus für eine Klassenfahrt von Darmstadt nach Würzburg kostet 231 €. Es fahren 21 Schüler mit. Wie viel muss jeder bezahlen?

H	Z	E				H	Z	E
2	3	1	:	2	1	=		

P:

	Z	E		Z	E
			·	2	1
		H		Z	E

A: ______________________________

2 Dividiere schriftlich. Kontrolliere mit der Probe.

a)

T	H	Z	E				T	H	Z	E
3	4	3	0	:	1	4	=			

P:

H	Z	E		Z	E
			·		
		T	H	Z	E

b)

ZT	T	H	Z	E				ZT	T	H	Z	E
6	3	8	3	5	:	1	7	=				

P:

T	H	Z	E		Z	E
				·		
		ZT	T	H	Z	E

▸ Seite 133

Gemischte Aufgaben

1 Kenan addiert zum Quotienten der beiden Zahlen 361 und 19 das Produkt der beiden Zahlen 903 und 309. Welches Ergebnis erhält Kenan?

Antwort: ______________________________

2 Herr Olm hat 6832 € gewonnen. Er behält die Hälfte und teilt den Rest unter 7 Familienmitgliedern gleichmäßig auf. Wie viel Geld erhält jeder?

Antwort: ______________________________

3 Der Petronas Tower in Kuala Lumpur, Malaysia ist 452 m hoch. Seine 90 Stockwerke haben 13 500 Fenster.

Wie viele Fenster hat jedes Stockwerk durchschnittlich?

Antwort: ______________________________

▸ Seite 134

Glücksspiele erkunden

1 a) Welche der Glücksräder bieten faire Gewinnchancen? Kreuze an.

A 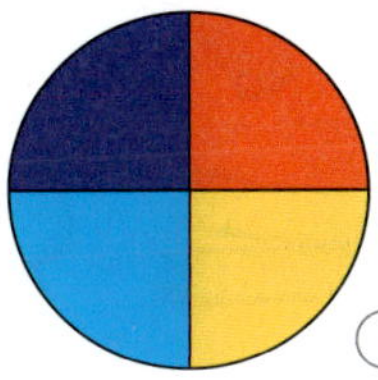 ○

B 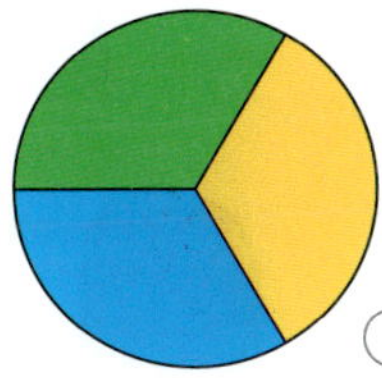 ○

C 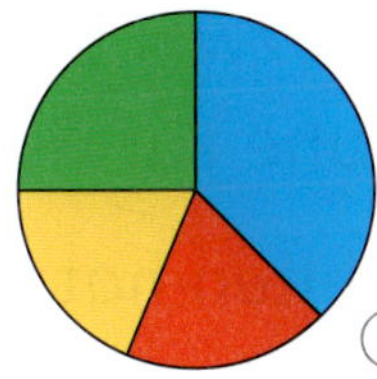 ○

D 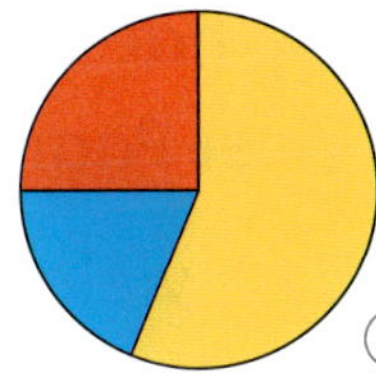 ○

b) Woran kann man erkennen, dass ein Glücksrad faire Gewinnchancen bietet? ____________________

____

2 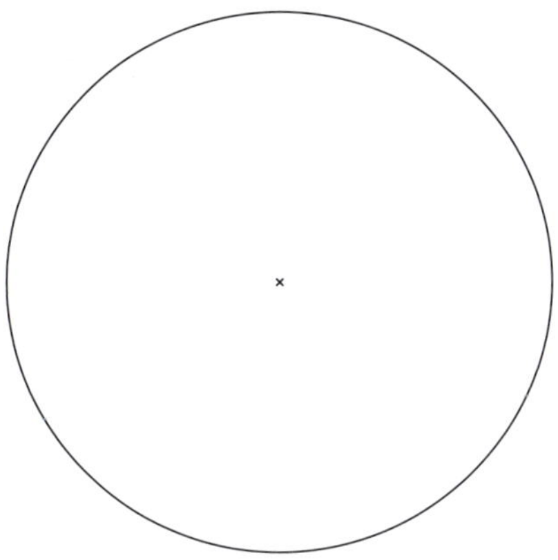

Teile das Glücksrad in vier Felder.
Teile die Felder so ein, dass deine Gewinnchancen möglichst groß sind.

3 Teile das Glücksrad in vier Felder.
Teile die Felder so ein, dass deine Gewinnchancen alle gleich groß sind.

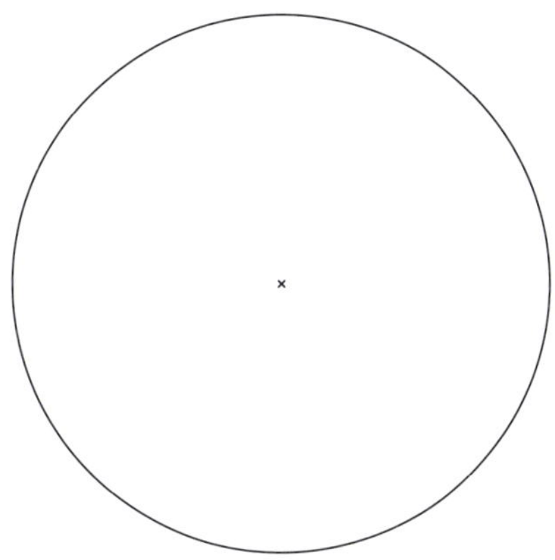

4 Was glaubst du: Wie oft muss man würfeln, damit bei einem Würfel alle Zahlen ungefähr gleich oft gewürfelt werden? ____________________

5 Kreuze an.

Je öfter man ein Glücksrad dreht oder einen Würfel würfelt,

desto ○ besser / ○ schlechter kann man die Gewinnchancen erkennen.

▸ Seiten 136/137

Kombinationen finden

1 Dana überlegt, was sie anziehen soll. Sie hat zwei Mützen, zwei Schals und zwei Paar Handschuhe zur Auswahl.

Wie viele Möglichkeiten hat sie, sich anzuziehen?

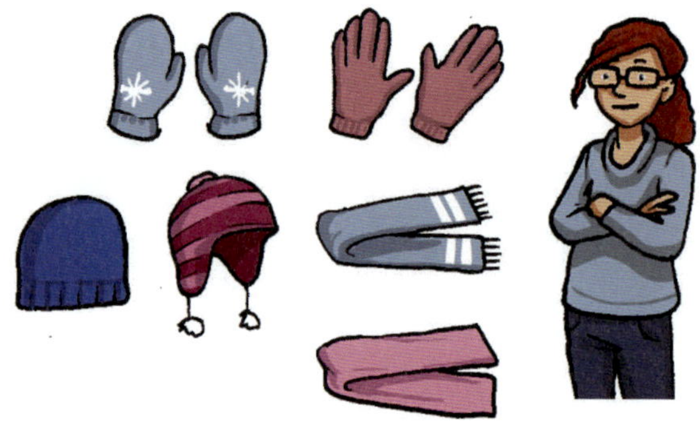

a) Vervollständige die Tabelle und finde alle Kombinationen.

Schal	Mütze	Hand-schuhe

b) Vervollständige das Baumdiagramm und finde alle Kombinationen.

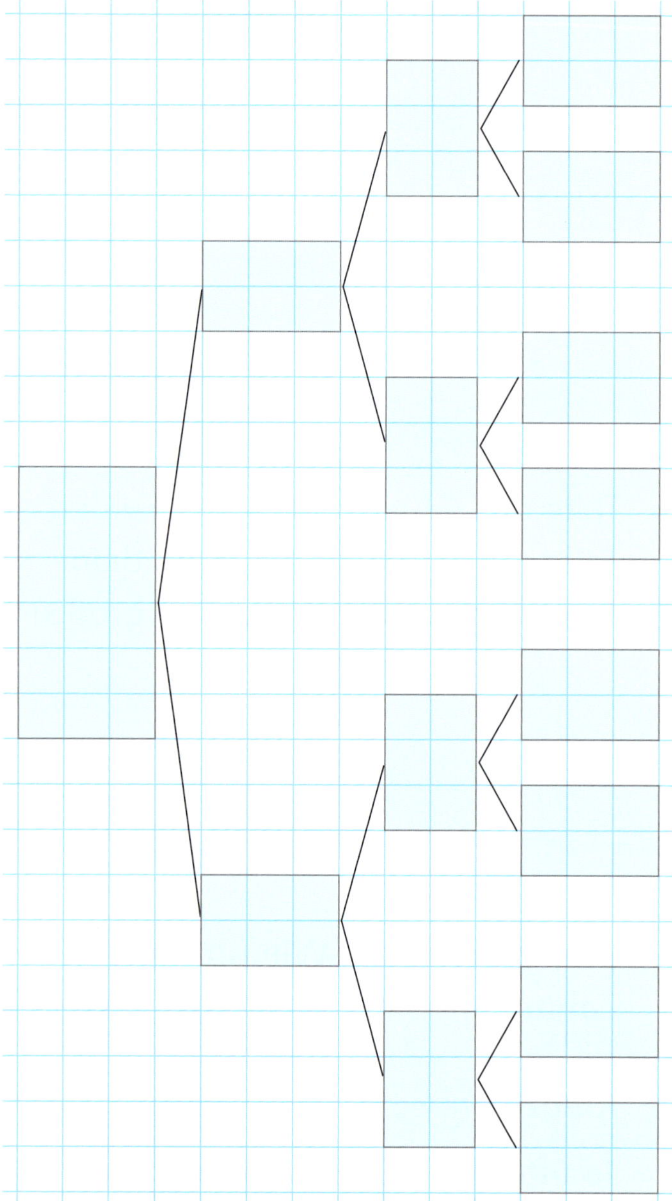

c) Wie viele Möglichkeiten hast du jeweils gefunden? ______________

▸ Seite 138

Körperansichten

1 Von welcher Seite schaust du auf den Würfelbau: von vorne, von hinten, von links oder von rechts? Trage ein.

a) 

b) 

c) 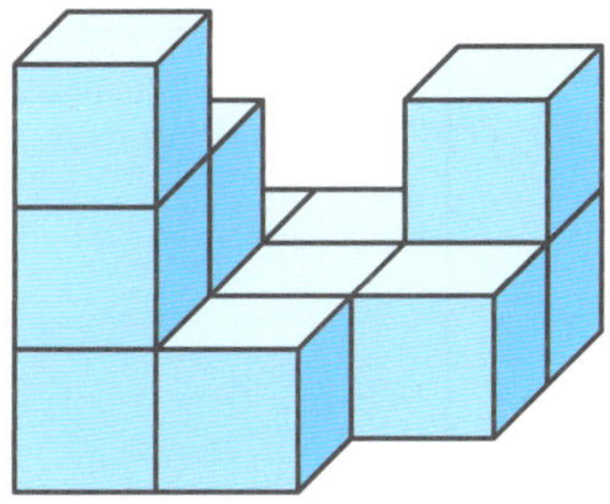

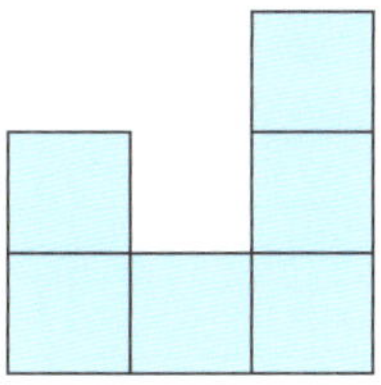 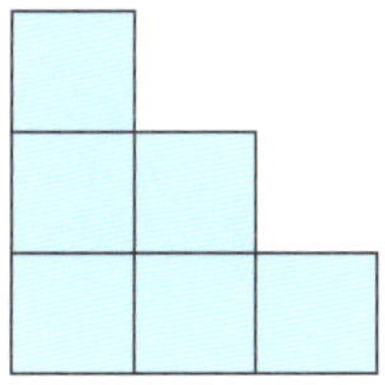 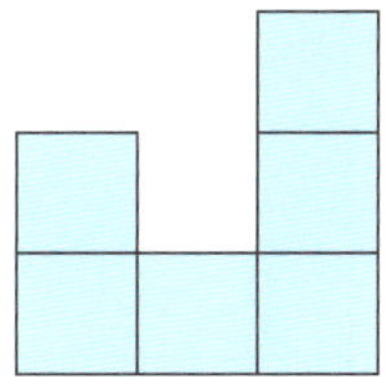

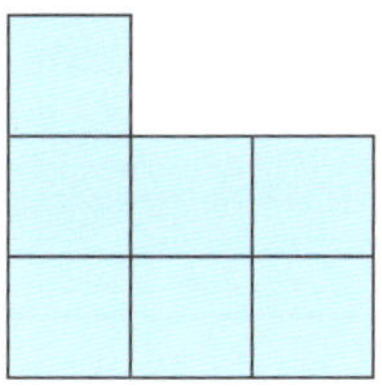 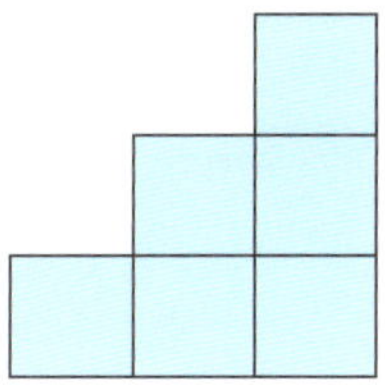 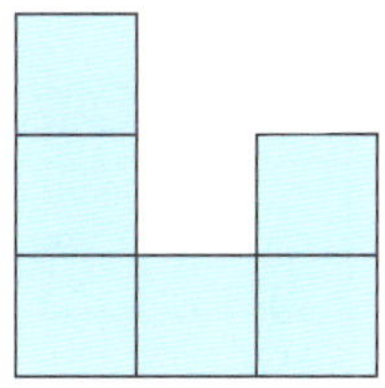

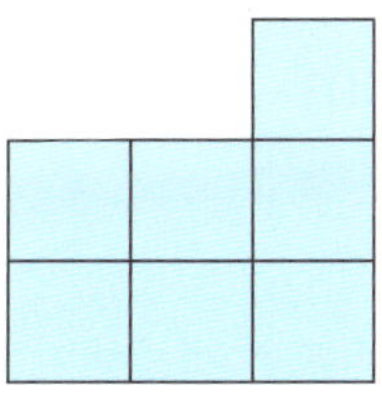 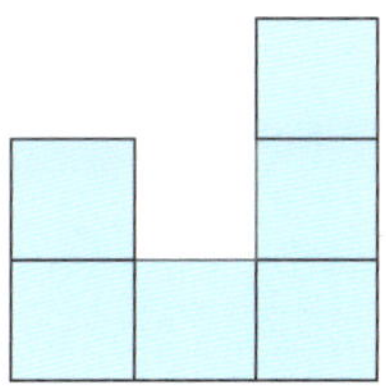 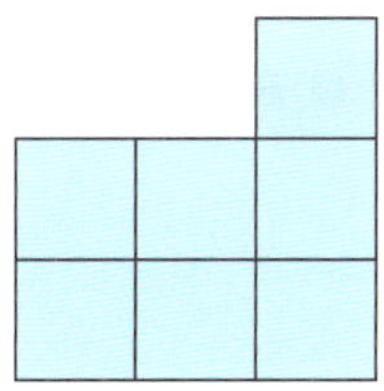

2 Schreibe die Pläne zu den Bauwerken aus Aufgabe 1.

a) 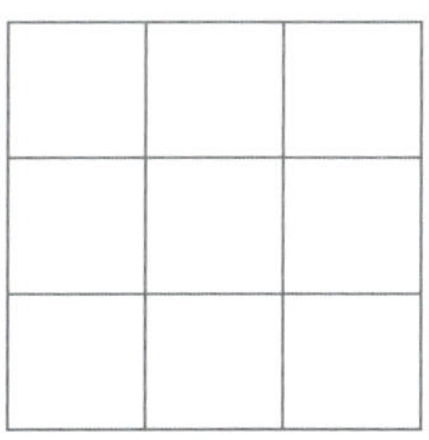

b) 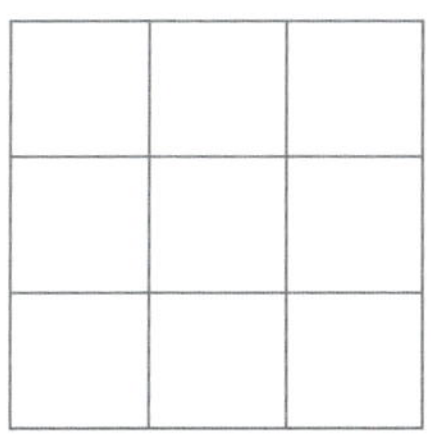

c) 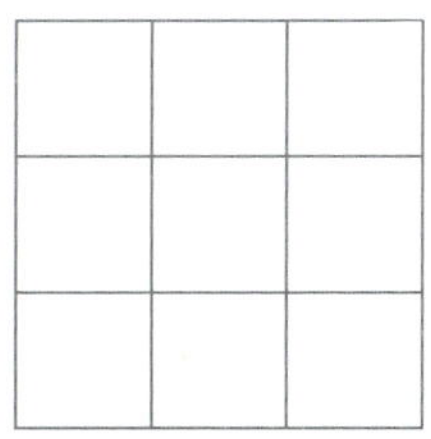

Schrägbilder

1 Vervollständige die Schrägbilder zu Würfeln mit der Kantenlänge von 4 cm.

a)

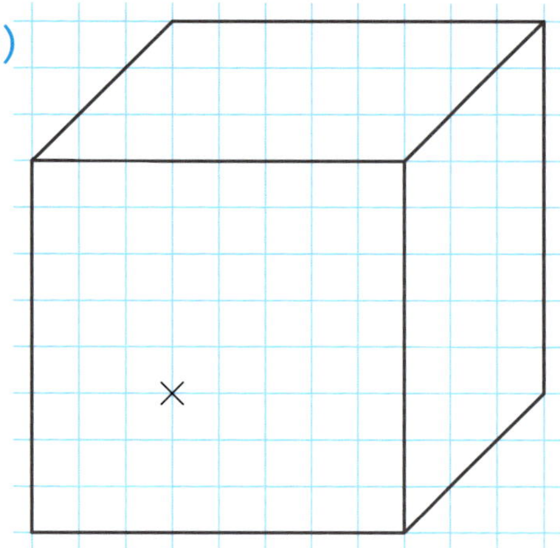

b)

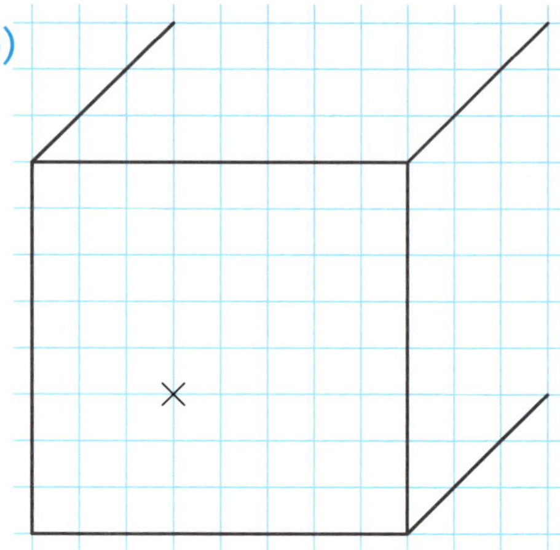

c)

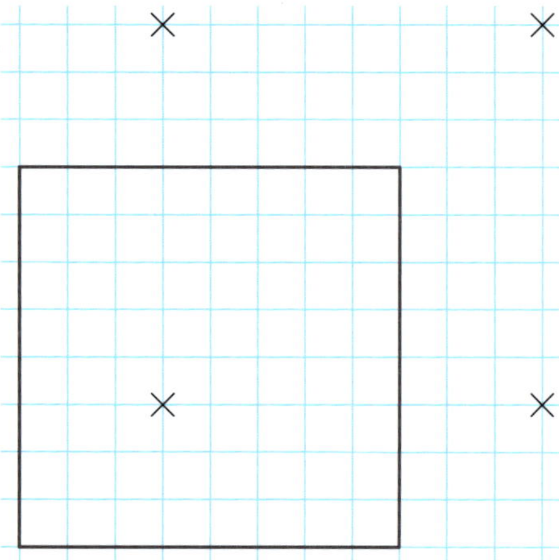

d)

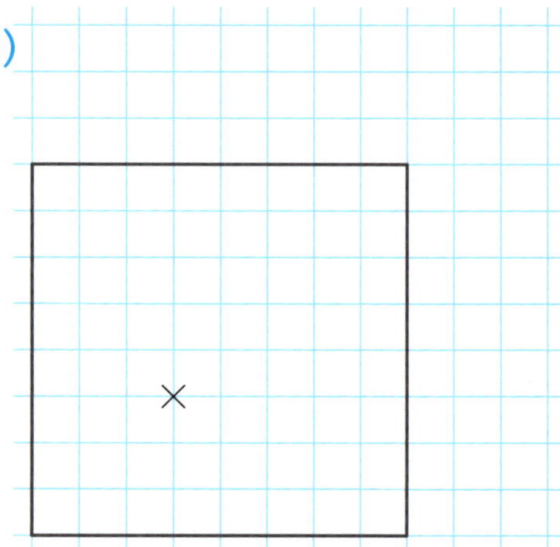

2 Zeichne Schrägbilder von Würfeln.

a) a = 5 cm

b) a = 3 cm

▸ Seite 143

Der Kalender

1 a) Welches Datum ist heute? ______

b) Welches Datum ist dann …

in einer Woche? ______ in einem Monat? ______

in drei Wochen? ______ in einem Monat und 3 Tagen? ______

in sechs Wochen? ______ in zwei Monaten und 2 Wochen? ______

c) Welches Datum war dann …

vor zwei Wochen? ______ vor drei Monaten? ______

vor drei Wochen? ______ vor einem Monat und einem Tag? ______

vor fünf Wochen? ______ vor vier Monaten und 3 Wochen? ______

2 Ergänze.

a)

	10 Tage später	2 Wochen später
16.5.		
28.8.		
30.12.		

b)

	12 Tage früher	3 Wochen früher
1.10.		
4.2.		
9.6.		

3 An welchem Datum wurden diese Tiere vier Jahre alt?

a) 

geb. am 5.7.2007

______

b) 

geb. am 31.1.2006

______

c) 

geb. am 8.8.2005

______

4 Wann wurden diese Menschen geboren?

a) 23.4.2011

______

b) 12.9.2011

______

c) 18.6.2011

______

d) 22.12.2011

______

▸ Seite 146

Das Jahr

1 a) Ergänze.

1 Monat ≈ 4 ______ | 1 Jahr ≈ 52 ______

1 Woche = ___ Tage | 1 Jahr = ___ Monate | 1 Monat ≈ ___ Tage

b) Welche Umrechnungen kann man nur ungefähr angeben?
Kreise farbig ein.

2 Rechne um …

a) in Tage,

7 Wochen = ____ Tage
12 Wochen = ____ Tage
9 Wochen 4 Tage = ____ Tage

b) in Wochen,

28 Tage = ____ Wochen
77 Tage = ____ Wochen
91 Tage = ____ Wochen

c) in Monate,

3 Jahre = ____ Monate
7 Jahre = ____ Monate
2 Jahre 8 Monate = ____ Monate

d) in Jahre.

24 Monate = ____ Jahre
60 Monate = ____ Jahre
132 Monate = ____ Jahre

3 Rechne um. Vergleiche mit einem Kalender.

2 Jahre ≈ ____ Wochen	Kalender: 2 Jahre = ____ Wochen
9 Monate ≈ ____ Wochen	Kalender: 9 Monate = ____ Wochen
4 Monate ≈ ____ Tage	Kalender: 4 Monate = ____ Tage

4 Wer ist älter? Kreise ein.

a)

Paul
80 Tage alt

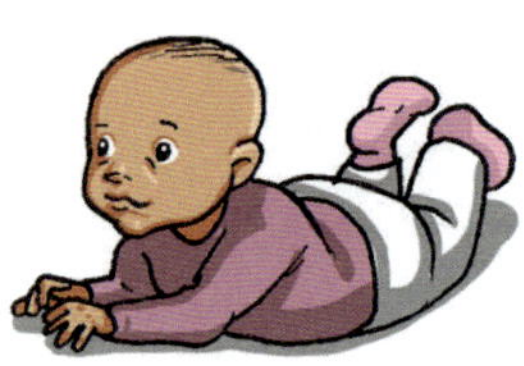

Nele
12 Wochen alt

b)

Tim
3 Jahre alt

Tom
1 000 Tage alt

▸ Seite 147

Zeitpunkte und Zeitspannen

1 a) Rechne 7 Stunden dazu.

18:20 Uhr ________ Uhr

21:09 Uhr ________ Uhr

b) Rechne 45 Minuten dazu.

14:50 Uhr ________ Uhr

6:35 Uhr ________ Uhr

2 a) Rechne 6 Stunden zurück.

1:10 Uhr ________ Uhr

4:45 Uhr ________ Uhr

b) Rechne 50 Minuten zurück.

7:30 Uhr ________ Uhr

19:50 Uhr ________ Uhr

3 a) Rechne 2 Stunden 20 Minuten dazu.

8:30 Uhr ________ Uhr

16:50 Uhr ________ Uhr

b) Rechne 3 Stunden 50 Minuten zurück.

17:55 Uhr ________ Uhr

9:40 Uhr ________ Uhr

4 a) Wie viele Minuten sind vergangen?

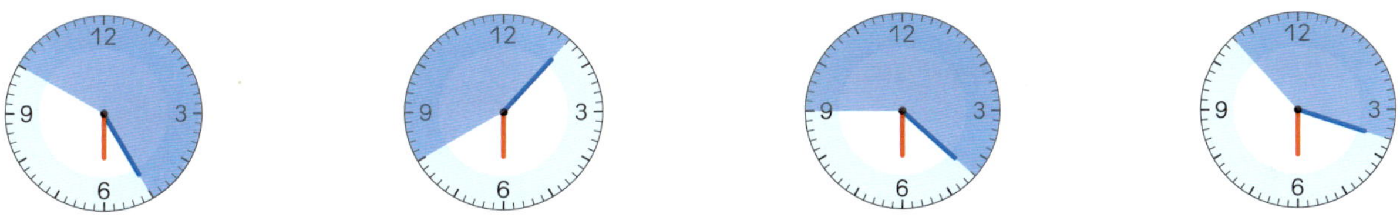

____ Minuten ____ Minuten ____ Minuten ____ Minuten

b) Einige Minuten sind vergangen. Wo steht der große Zeiger? Zeichne ein.

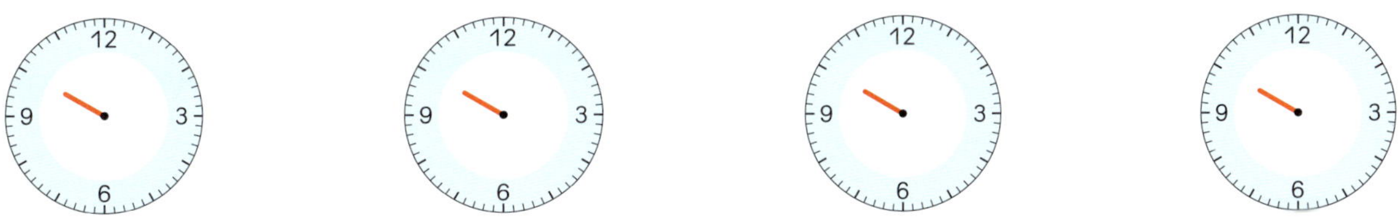

30 Minuten 50 Minuten 15 Minuten 28 Minuten

5 a)

Beginn	Dauer	Ende
22:00 Uhr		7:00 Uhr
23:00 Uhr	10 Stunden	
19:30 Uhr		20:15 Uhr
	50 Minuten	9:20 Uhr

b)

Beginn	Dauer	Ende
21:00 Uhr	8 Stunden	
	7 Stunden	3:00 Uhr
	30 Minuten	12:10 Uhr
23:50 Uhr		0:25 Uhr

Seiten 148–151

Maßstab

Der Maßstab 2 : 1 bedeutet:
1 cm in der Wirklichkeit werden 2 cm im Bild.
Gezeichnet ist alles doppelt so groß.

1 Miss das Rechteck aus und zeichne es im Maßstab 2 : 1.

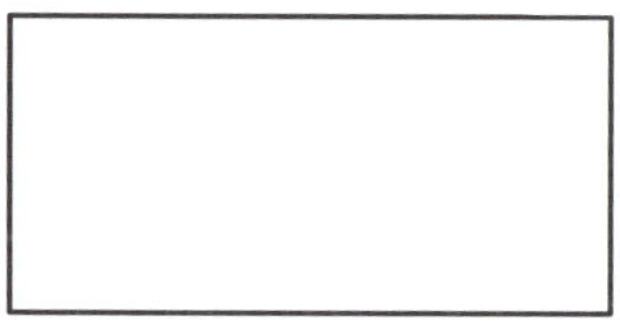

… und umgekehrt:

Der Maßstab 1 : 2 bedeutet:
2 cm in der Wirklichkeit werden 1 cm im Bild.
Gezeichnet ist alles halb so groß.

2 Miss das Rechteck aus und zeichne es im Maßstab 1 : 2.

3 a) Dein gezeichnetes Rechteck aus Aufgabe 1 ist …

- ○ größer als das Original.
- ○ kleiner als das Original.

Maßstab 2 : 1

b) Dein gezeichnetes Rechteck aus Aufgabe 2 ist …

- ○ größer als das Original.
- ○ kleiner als das Original.

Maßstab 1 : 2

▸ Seite 152

Messergebnisse richtig beschreiben

1 Zu welcher Größe gehören die Begriffe? Kreise in der richtigen Farbe ein.

Länge | Zeit | Gewicht | Rauminhalt

Stoppuhr Maßband Messbecher Waage Lineal Armbanduhr

Liter Meter Stunde Gramm Dezimeter Jahr Pfund

2 a) In welcher Maßeinheit würdest du die Länge angeben? Verbinde.

Länge einer Ameise	Länge eines Flusses	Höhe eines Hochhauses	Länge eines Armbands
mm	cm	m	km

b) In welcher Maßeinheit würdest du das Gewicht angeben? Verbinde.

Tablette	Käsepackung	Blauwal	Mensch
mg	g	kg	t

c) In welcher Maßeinheit würdest du die Zeit angeben? Verbinde.

Hofpause	Ferien	100-m-Lauf	Schlaf
s	min	h	Woche

3 Ergänze die richtige Maßeinheit oder die richtige Zahl.

a)		b)		c)	
7 km	= 7 000 ____	3 kg	= ________ g	4 Pfund	= 2 ____
2 min	= 120 ____	8 l	= ________ ml	240 s	= ____ min
6 kg	= 6 000 ____	2 dm	= ________ cm	500 ml	= $\frac{1}{2}$ ____
$\frac{1}{4}$ h	= 15 ____	5 min	= ________ s	200 cm	= ____ m
20 cm	= 200 ____	4 km	= ________ m	36 Monate	= 3 ____

▸ Seiten 156/157

Messen und Größen

Gewichte

Tonne	t	1 t = 1 000 kg
Kilogramm	kg	1 kg = 1 000 g
Gramm	g	

Zeit

Jahr	1 Jahr = 12 Monate
	1 Jahr ≈ 52 Wochen
Monat	1 Monat ≈ 4 Wochen
	1 Monat ≈ 30 Tage
Woche	1 Woche = 7 Tage
Tag	1 Tag = 24 Stunden

Längen

Kilometer	km	1 km = 1 000 m
Meter	m	1 m = 100 cm
Dezimeter	dm	1 dm = 10 cm
Zentimeter	cm	1 cm = 10 mm
Millimeter	mm	

Stunde	h	1 h = 60 min
Minute	min	1 min = 60 s
Sekunde	s	

Rauminhalte

Liter	l	1 Liter = 1 000 ml
Milliliter	ml	

Raum und Form

Winkel

Ein Winkel entsteht, wenn zwei Geraden aufeinandertreffen.

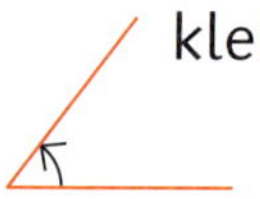
kleiner 90°

spitzer Winkel

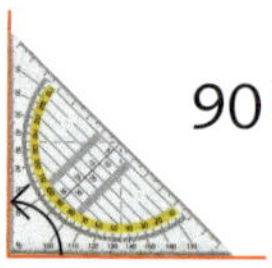
90°

rechter Winkel

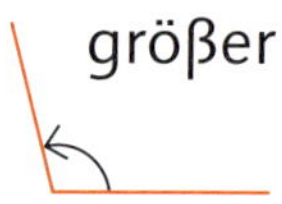
größer 90°

stumpfer Winkel

180°

gestreckter Winkel

Umfang

Der Umfang einer eckigen Figur wird durch Addition aller Seitenlängen berechnet.

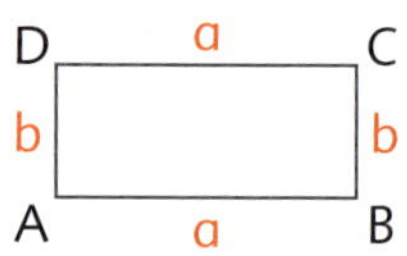

$u_{\square} = a + b + a + b$

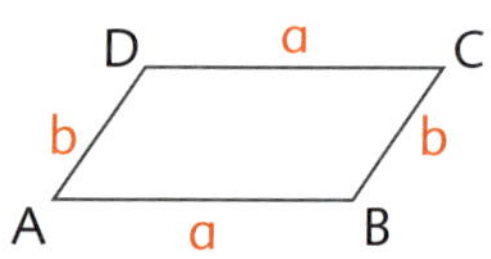

$u_{▱} = a + b + a + b$

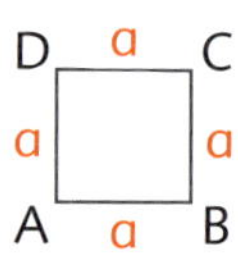

$u_{\square} = a + a + a + a$

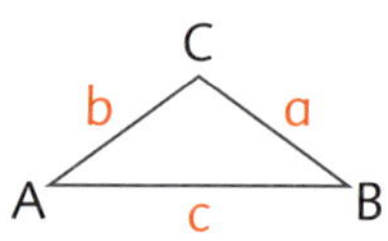

$u_{\triangle} = a + b + c$

Kreis

Kreise werden mit dem Zirkel gezeichnet.

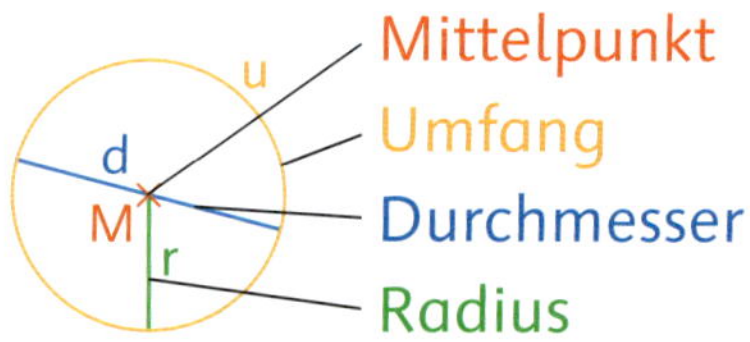

Durchmesser	$d = 2 \cdot r$
Radius	$r = d : 2$
Umfang	$u_{\circ} = \pi \cdot d$
Kreiszahl Pi	$\pi = u_{\circ} : d$
	$\pi \approx 3{,}14$

Körper

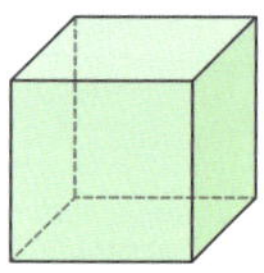
Würfel

Quader

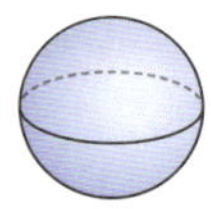
Kugel

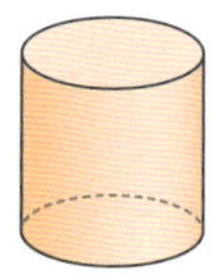
Zylinder

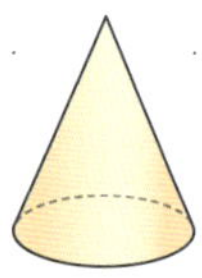
Kegel

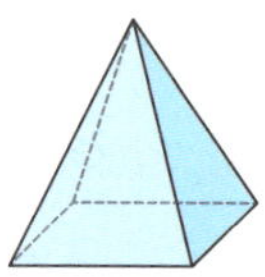
Pyramide

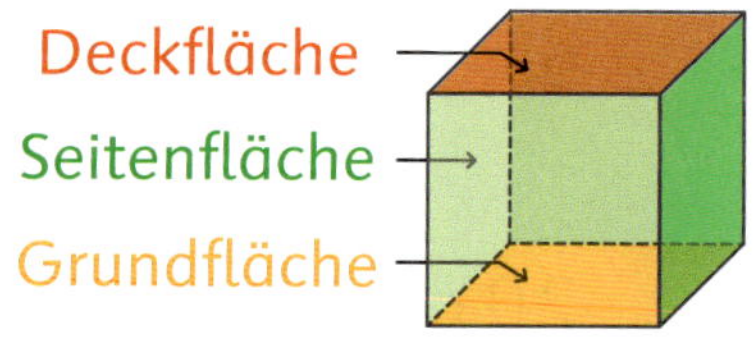

Zahlen und Operationen

Brüche

Zähler
Bruchstrich
Nenner $\frac{1}{4}$ $\frac{3}{4}$

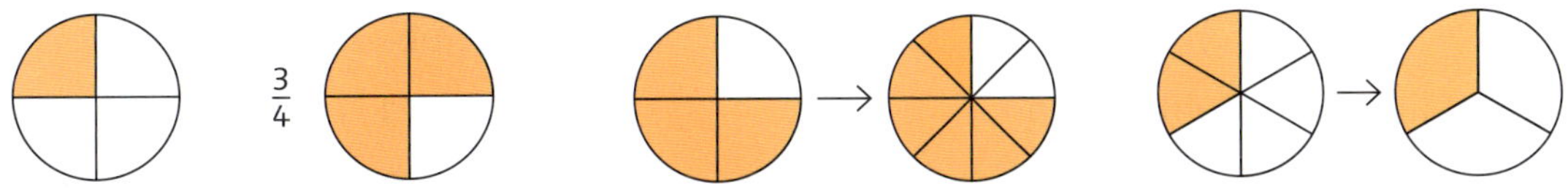

Stammbruch — abgeleiteter Bruch — Verfeinern = Erweitern — Vergröbern = Kürzen

Rechnen mit Brüchen

$\frac{1}{8} + \frac{3}{8} = \frac{4}{8}$ $\quad \frac{5}{6} - \frac{3}{6} = \frac{2}{6}$

Brüche mit gleichen Nennern werden addiert und subtrahiert, indem man jeweils die Zähler addiert und subtrahiert.

$\frac{1}{4} + \frac{2}{8} = \frac{1}{4} + \frac{1}{4} = \frac{1}{2}$

$\frac{5}{6} - \frac{2}{3} = \frac{5}{6} - \frac{4}{6} = \frac{1}{6}$

Brüche mit verschiedenen Nennern werden addiert und subtrahiert, indem man zuerst verfeinert und dann jeweils die Zähler addiert und subtrahiert.

Rechenregeln

Punktrechung (·, :) geht vor Strichrechnung (+, -).

16 + 5 · 8
= 16 + 40
= 56

15 − 30 : 10
= 15 + 3
= 18

Klammern immer zuerst ausrechnen.

3 · (15 − 5)
= 3 · 10
= 30

(27 + 9) : 4
= 36 : 4
= 9

Schriftliche Addition mit Überträgen

	ZT	T	H	Z	E
		4	7	9	2
+		6	4	1	8
	1	1	1	1	
	1	1	2	1	0

Lass beim Addieren vorne eine Stelle frei.

Das Ergebnis einer Addition heißt Summe.

Schriftliche Subtraktion mit Überträgen

	T	H	Z	E
			7	12
	6	4	~~8~~	~~2~~
−	1	2	4	5
	5	2	3	7

Das Ergebnis einer Subtraktion heißt Differenz.

Schriftliche Subtraktion mit Überträgen bei der Null

	T	H	Z	E
		4	10	
	6	~~5~~	~~0~~	8
−	4	3	6	5
	2	1	4	3

	T	H	Z	E
		4	9	15
	6	~~5~~	~~0~~	~~5~~
−	4	3	6	8
	2	1	3	7

	T	H	Z	E
		7	9	10
	7	~~8~~	~~0~~	~~0~~
−	2	4	6	5
	5	3	3	5

	T	H	Z	E
	6	9	9	10
	~~7~~	~~0~~	~~0~~	~~0~~
−	2	4	6	5
	4	5	3	5

Überlege bei jeder Aufgabe mit einer oder mehreren Nullen genau, wie du rechnen musst.

Schriftliche Multiplikation

Das Ergebnis einer Multiplikation heißt Produkt.

H Z E · H Z E
1 2 7 · 3 6 5

	ZT	T	H	Z	E
~~2~~	3	8	1	0	0
~~1~~ ~~4~~		7	6	2	0
~~1~~ ~~3~~			6	3	5
	1	1			
	4	6	3	5	5

Rechne zuerst die Hunderter-Aufgabe, dann die Zehner-Aufgabe und die Einer-Aufgabe. Dann addiere.

Schriftliche Division

ZT T H Z E : ZT T H Z E
8 7 2 4 1 : 7 = 1 2 4 6 3
7
1 7
1 4
3 2
2 8
4 4
4 2
2 1
2 1
0

Das Ergebnis einer Division heißt Quotient.

Beginne bei den Zehntausendern: Wie oft passt die 7 in die 8? …

Inhaltsverzeichnis